알아두면 쓸모 있는
과학 상식 사전

* 일러두기 :

1. 이 책에 등장하는 외래어 용어 및 인명, 지명 등은 국립국어원의 표기를 따랐습니다.
   그러나 관용적으로 굳어진 표현들은 예외를 두었습니다.
2. 숫자의 표기는 가독성을 위해 아라비아 숫자와 한글을 혼용했습니다.

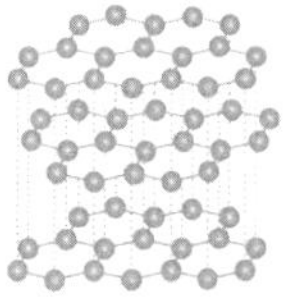

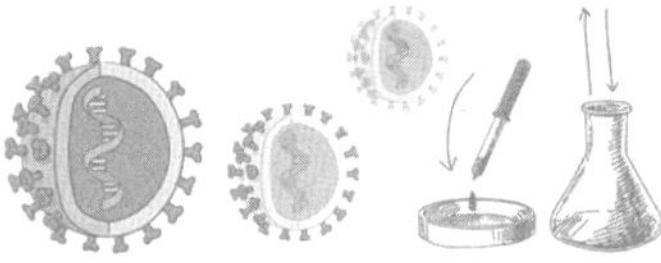

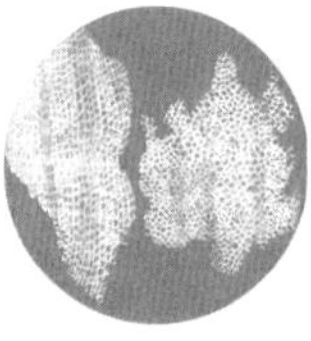

앤 루니 지음 | 손용수 옮김

알아두면 쓸모 있는 과학 상식 사전

SCIENCE : 50 ESSENTIAL IDEAS

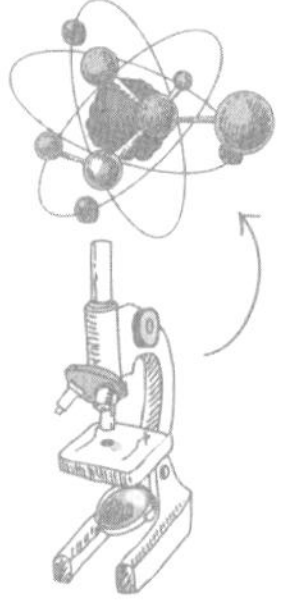

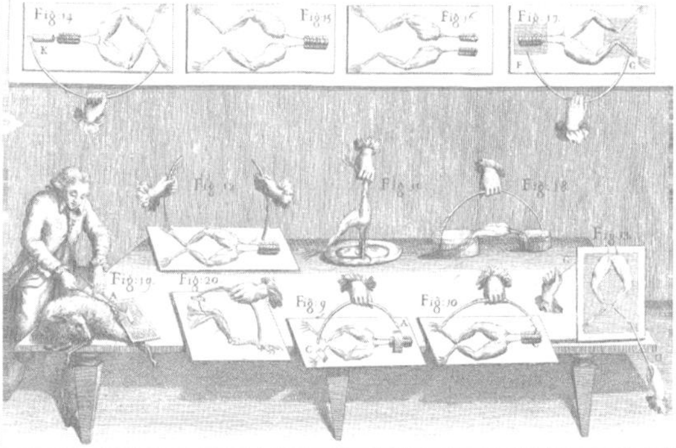

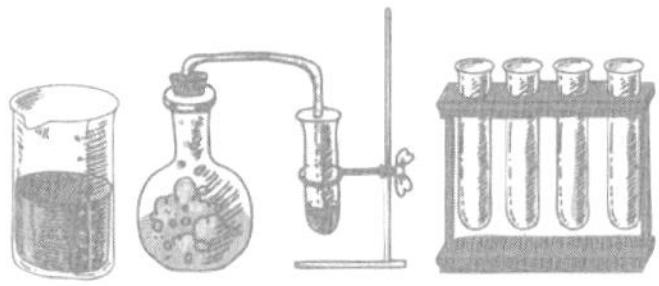

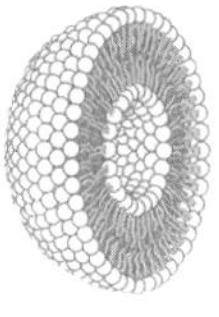

CRETA

차례

들어가며

과학은 인류의 가장 위대한 업적 중 하나다. 과학은 우리 신체 내부와 주변 우주의 작동 원리를 탐구하고, 이를 명확하고 논리적이며 일관성 있게 설명한다. 참여하는 교양 시민이 되기 위해서는 과학을 이해하는 것이 대단히 중요하다. 이 책에서 요약해 설명하는 50가지 핵심 아이디어는 현대 세계의 토대가 된 과학에 대한 기초 지식을 제공함으로써 미디어에서 접하는 과학 이야기를 비판적이고 균형 잡힌 시각으로 바라볼 수 있게 해줄 것이다.

전통적으로 과학을 생물학과 물리학 등 여러 분야로 나누지만, 실제로는 서로 겹치는 부분이 많다. 사실 우리가 과학이 대체로 '옳다'는 것을 아는 것은 그 설명이 서로 맞아떨어지기 때문이다. 예컨대 화학은 생물학을 설명하고 그 기초가 되며, 원자 물리학은 화학을 설명하고 그 기초가 된다.

과학에서 가장 기본, 과학적 방법론

과학적 방법론은 그 자체가 하나의 주요한 과학 아이디어다. 그 기원은 기원전 6세기 고대 그리스 철학자 탈레스Thales까지 거슬러 올라간다. 그는 초자연적 존재에 의존해서 자연현상을 설명하지 않고, 합리적이고 물리적인 근거를 토대로 설명하려고 했다. 이 생각을 더 완전하게 발전시킨 사람은 아리스토텔레스였다. 현대 과학은 '과학적 방법론scientific method'을 따르며, 이는 17세기 프랜시스 베이컨Francis Bacon 등의 연구에 뿌리를 둔다. 과학자들은 관찰을 통해 일반적인 법칙과 원인을 발견한다. 제안된 법칙이 맞다면 그로부터 증명될 사실을 예측할 수 있다. 과학적 방법론에는 구체적인 관찰에서 출발해서 일반적인 원리를 도출하는 상향식 접근법(연역법)과 제안된 원리에서 출발해서 이것이 구체적인 관찰에서 확인되는지 보는 하향식 접근법(귀납법)이 있다.

일반적인 과정에서는 과학자가 관찰 결과를 보고 문제를 설정하고 가설을 세운다. 가설은 엄격한 실험과 관찰을 통해 검증할 수 있는 하나의 설명이다. 시험 방법으로는 물리적 실험이나 다양한 수학적 모델링이 있다(예컨대 빅뱅 이론을 시험하기 위해 우주를 재현할 수는 없기 때문이다). 조사 결과와 가설을 비교해서 해당 가설은 거부 또는 수정되거나 뒷받침될 수 있다.

철저한 조사 결과가 가설을 뒷받침한다면 새로운 이론이 등장할 수 있다. 이론은 검증되지 않은 아이디어가 아니라 세상 이치에 관한 지적 모델이다. 진화론은 단순한 제안이거나 다른 이론과 비교 검토할 수 있는 하나의 가설이 아니다. 우리가 아는 한, 이는 한 세기 이상의 조사를 통해 증명된 사실이다. 진화의 메커니즘은 그 긴 시간 동안 발견되고 다듬어져 왔다.

과학적 지식의 주요 부분은 이전의 발견들에 기초를 두고 있다. 따라서 진화에 관한 현대적 서술, 다시 말해 현대 진화론의 종합 이론 modern evolutionary synthesis은 수십 년에 걸쳐 과학자들이 전문 지식과 아이디어, 설명을 보태면서 점진적으로 성장했다. 현대 과학은 많은 사람의 협력 결과가 누적되어 이뤄진 중요한 성과다.

모든 사물은 변할 수 있다

이론을 다듬고 수정하는 것은 과학의 본질이다. 과학은 도전할 수 없는 불변의 진리를 인정하지 않으며, 모든 가능성이 열려 있다. 기존 아이디어를 뒤집는 것으로 보이는 새로운 증거가 나타나면 그 증거를 조사하고 시험한다. 이를 받아들이지 않는 비타협적인 태도는 개개인의 실패일 뿐, 과학 자체의 실패가 아니다. 1887년 '빛을 전달하는 에테르luminiferous aether'의 존재를 증명하려다가 오히려 에테르가 존재하지 않음을 증명하게 된 마이컬슨-몰리Michelson-Morley 실험이 그 좋은 예다. 이 실험 결과는 다른 쪽으로 과학을 발전시켰다(113쪽 '파동은 무엇을 통과할까?' 참조).

이 책은 스냅 사진에 불과하다

물론 과학에는 이 책에 등장하는 50가지보다 더 많은 중요한 아이디어가 있으며, 앞으로 더 많이 나올 것이다. 세상을 떠들썩하게 할 새로운 발견이 기존에 확립된 아이디어 중 일부를 뒤집을 수도 있고, 그 자체의 가치 있는 요소로 확고하게 자리 잡을 수도 있다. 외계 생명체나 중력자(양자화된 중력 입자)의 존재를 증명하거나, 혁신적인 새로운 에너지 생산 수단을 발견하거나, 심지어 시간의 본질에 대한 위대한 통찰력을 얻는 것 등이 그 예가 될 것이다. 과학은 끝이 없고, 이 책에 담긴 내용은 그저 스냅 사진에 불과하다.

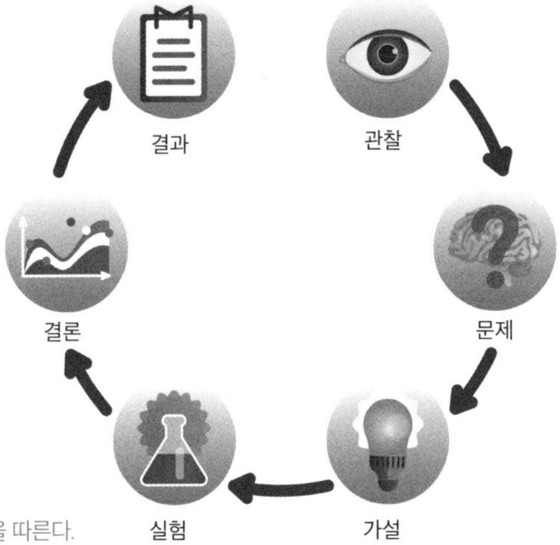

현대 과학은 과학적 방법론을 따른다.

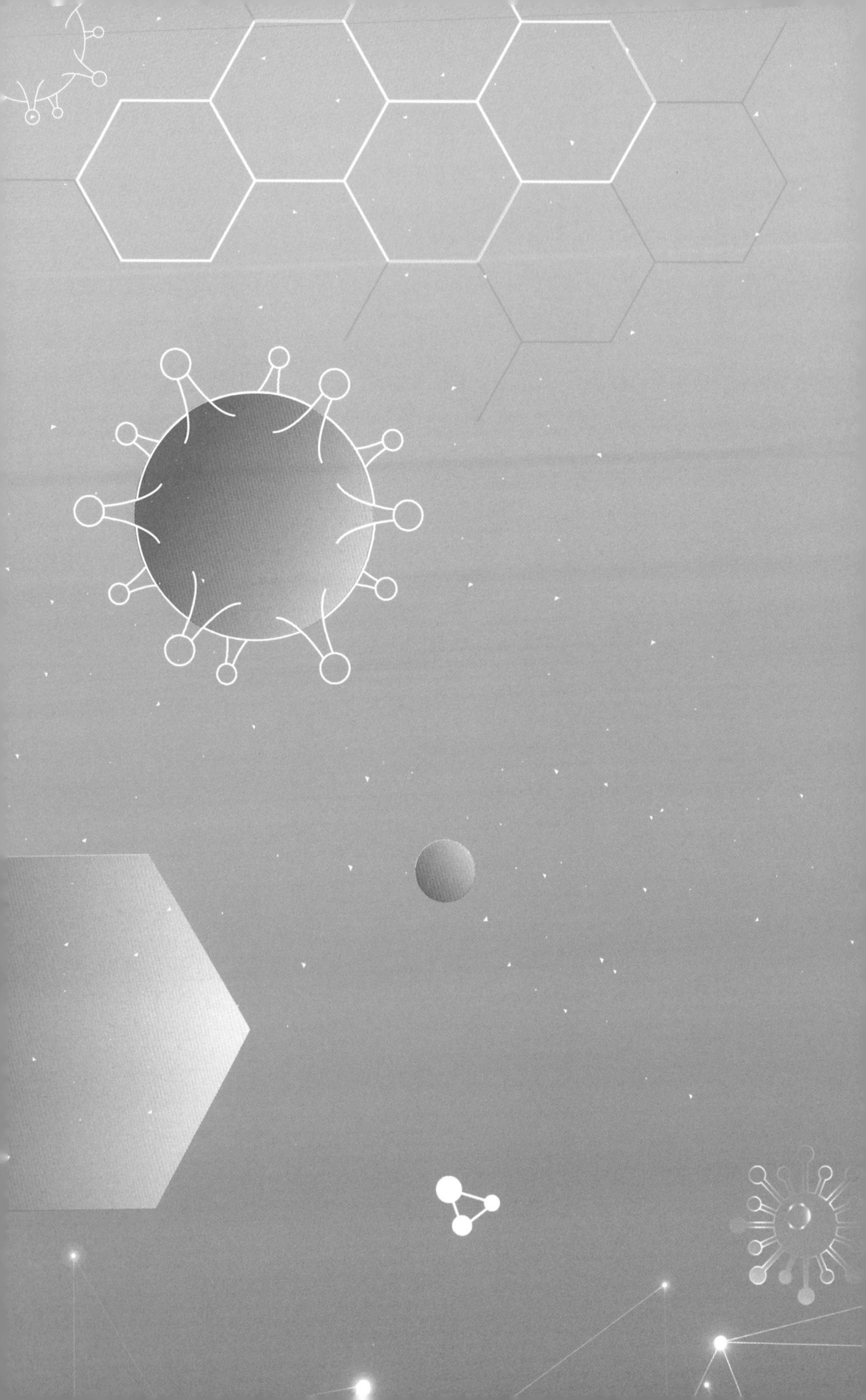

01

나눌 수 없는 물질
물질의 원자론

주위를 둘러보면 매우 다양한 물질을 볼 수 있다. 하지만 눈에 보이지 않는 공기처럼 어떤 것들은 전혀 볼 수 없다. 지금은 물질이 원자라고 불리는 작은 입자들로 이루어져 있다는 이론이 확립되어 있으며 이를 뒷받침하는 충분한 증거가 있다. 물질의 구성에 관해 최초로 생각한 사람들은 고대 그리스인들이라고 알려져 있다.

'나눌 수 없는 물질'

오늘날 '원자'라는 단어는 고대 그리스어의 '나눌 수 없는'이라는 뜻의 형용사 '아토모스atomos'에서 비롯했다. 고대 그리스 철학자 레우키포스Leucippus와 데모크리토스Democritus는 2500년 전에 '물질이 더 이상 나눌 수 없는 아주 작은 입자들로 이루어져 있다'는 생각을 도입한 것으로 알려졌다. 데모크리토스에 따르면 모든 물질은 허공에 존재하는 작은 입자들로 이루어져 있다. 원자로 불리는 이 입자들은 생성되거나 파괴될 수 없지만, 돌아다닐 수는 있다. 그는 모든 원자는 크기와 모양, 방향이 다르며, 다른 물질과 일시적으로 결합해서 다양한 물질을 형성한다고 주장했다. 원자의 결합체가 붕괴하고 원자들이 다시 모여 새로운 결합체를 형성하면서 물질은 변화한다.

제논의 역설

데모크리토스는 원자를 '더 이상 나눌 수 없는 물질'이라고 함으로써 물질을 나누는 데는 한계가 있다고 생각했는데, 이 생각은 다른 곳에도 적용되었다. 제논의 역설에 따르면 시간과 거리를 무한히 나눌 수 있다면 운동과 모든 변화는 불가능하다. 예컨대 화살이 1초에 100m를 날아간다고 하면 0.5초에는 50m 지점을 날아가게 되며, 이런 식으로 무한한 지점을 날아가게 된다. 과녁에서 1m 거리에 있는 화살은 다음 200분의 1초에 0.5m를 날아가지만, 여전히 과녁으로부터 0.5m 거리에 있다. 화살은 남은 시간의 절반에 0.25m를 날아가며, 이후 계속 이렇게 무한히 날아가게 된다. 시간과 거리를 무한히 나눌 수 있다면 마지막 아주 짧은 거리를 지나가는 시점은 결코 오지 않기에 화살은 절대 과녁에 도달하지 못한다는 것이다. 하지만 물론 이는 역설이며 현실에서 화살은 반드시 과녁에 도달한다.

기본으로 돌아가기

원자론은 다음으로 17세기 유럽, 특히 영국계 아일랜드 화학자 로버트 보일Robert Boyle의 연구에서 나타난다. 보일은 원자들이 불가입성不可入性, impenetrability, 즉 두 물체가 동시에 같은 공간을 차지하지 못한다는 성질은 똑같지만, 크기와 모양, 운동은 서로 다르다고 생각했다. 크기와 모양은 물질의 주요 특성이다. 그는 색깔과 냄새, 탄성, 밀도 등 이차

로버트 보일은 17세기에 원자론을 제창했다.

적인 특성은 원자의 특정한 조합과 배열에 따라 생성된다고 여겼다. 또한 보일은 물질의 이차적인 특성을 가진 가장 작은 입자를 가리켜 '자연적인 최소 물질natural minima' 또는 '최소 부분least parts'이라고 불렀다. 이는 일반적으로 원자와 같은 개념은 아니었지만, 현재 우리가 생각하는 분자 개념에 가까울 수도 있다. 보일은 고대인들과 마찬가지로 물질의 궁극적인 형태와 상관없이 모든 원자는 같은 물질로 이루어졌다고 생각했다.

아이작 뉴턴Issac Newton도 같은 생각이었다. 그는 원자가 자신의 운동 법칙에 영향을 받으며, 따라서 충돌하는 사이에 운동량과 관성의 법칙을 따를 것으로 생각했다. 뉴턴은 물질 속에 원자가 얼마나 빽빽이 들어차 있는지로 물질의 밀도를 설명했지만, 원자 안에 공간이 많다는 사실도 인정했다. 금은 밀도가 매우 높지만, 빛이 금박을 통과할 수 있기 때문이다. 뉴턴은 보일의 순수 기계론적인 원자에 '힘'이라는 개념을 도입했다. 뉴턴의 원자는 인력에 의해 물질 속에 함께 결합되어 있을 수도 있고, 반발력 때문에 분리될 수도 있다. 이 생각은 화학 반응에서 한 화학물질이 다른 화학물질을 치환하는 현상을 설명할 수 있다. 즉 물질 A와 B 사이보다 A와 C 사이의 인력이 더 강하다면 A는 C와 결합하고 B는 떨어져 나갈 것이다. 하지만 이 설명은 결과를 예측하는 데 사용할 수 없었다. A와 D 사이에서 무슨 일이 일어날지 알 수 없었기 때문이다.

18세기에 과학의 모든 분야에서 힘이 더 중요해졌다. 현재 크로아티아 출신 과학자 로저 조세프 보스코비치Ruđer Bošković는 원자에서 물질성을 제거하고 중력을 포함한 힘의 중심에 원자를 두어 물질에 질량을 부여할 수 있게 했다.

마침내 원자

원자와 화학을 연결한 사람은 바로 영국의 화학자 존 돌턴John Dalton이다. 그는 화학 원소가 '궁극의 입자'인 원자로 구성되어 있고, 모든 원소는 고유한 원자 설계를 지닌다고 제안했다. 최초로 현대적 원소 목록(43쪽 참조)을 만든 사람은 앙투안 라부아지에Antoine Lavoisier였지만, 그는 원소를 원자와 연결 짓지는 않았다.

돌턴은 수소를 기본(원자량 1)으로 하고, 화학물질의 결합 비율을 이용해서 각 원소의 상대 원자량을 나타냈다. 하지만 그는 원소들이 1대 1 비율로 결합한다는 잘못된 가설을 세웠다. 그래서 수소 원자 2개와 산소 원자 1개가 아니라 수소 원자 1개와 산소 원자 1개가 결합해서 물이 된다고 생각했다. 그는 데모크리토스가 처음 주장했던, 모든 원자는 동일한 물질로 이루어졌고 크기와 질량 같은 특성만 다르다는 종래의 가설을 버렸다. 돌턴의 체계에서는 서로 다른 원소의 원자는 모두 다른 종류의 물질로 이루어졌다.

원자가 존재한다는 마지막 증거는 1827년 영국의 식물학자 로버트 브라운Robert Brown의 관찰 결과를 알베르트 아인슈타인Albert Einstein이 설명하면서 나왔다. 브라운은 꽃가루 알갱이들이 불규칙하게 움직이는 것을 현미경으

존 돌턴은 최초로 모든 화학 원소는 고유한 원자 설계를 지닌다고 봤다.

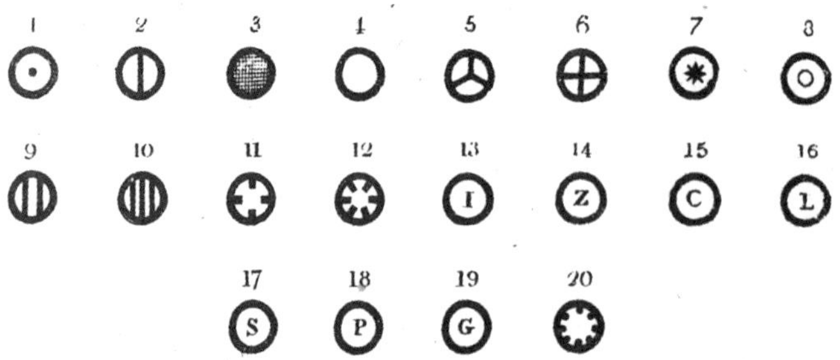

돌턴은 20개 원소의 원자 기호를 고안했다. 현재 그중 6개는 화합물로 인식되고 있다.

로 관찰했다. 이 움직임은 액체나 기체 안에 떠서 움직이는 작은 입자의 불규칙한 운동인 '브라운 운동Brownian motion'으로 알려졌지만, 그 원인은 알려지지 않았다. 브라운은 일부 무생물 입자 등 다른 작은 입자에서도 같은 운동을 보았지만, 이를 설명할 수 없었다. 1905년 아인슈타인은 이것이 작은 빛 입자들이 무작위로 움직이는 물 분자들과 충돌하면서 일어나는 현상이라고 설명했다. 물 분자들은 너무 작아서 볼 수 없지만, 물 분자가 꽃가루 알갱이와 충돌하는 효과는 볼 수 있다.

02

아무것도 존재하지 않는 허공 속으로
진공 상태의 존재

우리는 지금 아무것도 없는 공간인 진공 상태를 만들 수 있다는 사실을 당연하게 생각한다. 하지만 오랫동안 진공이라는 관념에 대해서는 이론이 분분했다.

물질 속의 공간

빈 공간이 있을지도 모른다는 생각을 처음으로 한 사람들은 고대 그리스인이다. 데모크리토스가 원자로 이루어진 세계를 묘사했을 때 그는 우리가 지금 인식하는 것처럼 원자들이 허공 속에 존재한다고 생각했다. 하지만 모든 사상가가 그의 말에 동의한 것은 아니다. 한편에는 파르메니데스Parmenides나 아리스토텔레스처럼 빈 공간은 없고 물질은 전적으로 연속적이라고 주장하는 사람들도 있었다. 파르메니데스는 이를 근거로 운동과 변화는 존재하지 않는다고 주장했다. 하지만 사물이 움직이고 변화하는 것은 분명하므로 원자들이 허공 속에서 움직이는 세계를 묘사한 데모크리토스의 견해가 더 설득력 있게 들린다.

허공의 존재 가능성을 둘러싼 철학적 논쟁은 수 세기 동안 이어졌다. 때로는 심지어 단어의 의미에 너무 얽매이는 것처럼 보였다. 즉 '존재'란 어떤 물질이 있는 것을 전제하므로 아무것도 없는 상태는 존재할 수 없다는 것이다. 마침내 실증을 통해 과학이 철학을 누르고 이겼다. 1654년 독일의 과학자 오토 폰 게리케Otto von Guericke가 진공을 만드는 펌프를 발명하고 이를 시연하며 이 오래된 문제를 해결했다. 그는 두 개의 금속 반구를 결합해서 닫힌 구를 만들고 그 속에서 공기를 모두 빼냈다. 장관을 이룬 공개 실연에서 양쪽으로 나뉜 말들이 반구를 떼어내려고 했지만 떼어낼 수 없었다. 그 이유는 진공이 반구를 '빨아들이기' 때문이 아니라 반구 외부 기압이 반구를 강하게 밀어붙였기 때문이다. 옆 페이지의 그림을 보면 말들이 기압에 저항하며 반구를 잡아당기려 애쓰고 있다.

원자의 존재가 증명되면서 우리는 다시 물질의 입자들이 허공 속에 존재한다는 데모크리토스와 같은 생각으로 세계를 이해하게 되었다. 원자의 밀도가 높을 때 생성되는 물질은 대체로 고체다. 고체인 물체 사이에는 액체나 기체 또는 빈 공간이 있을 수 있다. 액체나 기체 상태에서 원자는 더 넓은 공간을 차지하고 더 자유롭게 움직인다.

우주 공간

고대 그리스인 일부는 지구 밖에 빈 공간이 있을 수 있다는 생각을 받아들였다. 현재는 대부분이 우주 공간을 진공으로 생각한다. 우주 공간은 완벽한 진공 상태에 가깝다. 별과 행성 그리고 다른 천체들 사이에는 물질이 거의 없다. 중력이 모든 떠돌이 물질을 다른 물질

진공 상태가 존재한다는 사실은 폰 게리케의 극적인 '마그데부르크Magdeburg 반구 실험'에서 증명되었다.

덩어리 쪽으로 끌어당겨서, 물질의 밀도 측면에서 우주를 매우 불균일하게 만든다. 예컨대 지구처럼 물질의 밀도가 매우 높은 곳이 있는가 하면, 항성계와 은하계 사이에는 아주 텅 빈 공간도 있다. 우주 공간의 평균 밀도는 1㎥ 당 양성자 6개 정도를 약간 밑돌지만, 밀집된 지역 사이의 우주 공간의 밀도는 1㎥ 당 원자 1개보다 약간 낮다.

양자역학에서는 물질 입자는 물론 광양자도 없는 상태를 진공이라 말하는데, 이런 의미에서 진정한 진공 상태는 없다. 모든 우주 공간에는 우주 마이크로파 배경 복사(103쪽 하단 그림 참고)가 균일하게 퍼져 있기 때문이다.

03

물려주기
유전 법칙

가족이나 반려동물, 가축, 심지어 정원을 둘러보면 한 세대의 생물이 다음 세대에 어떤 특징을 물려준다는 것은 명백하다. 우리는 우리 부모나 아이들, 형제자매들과 닮았다. 우리 인간은 이런 특징이 유전된다는 사실을 조금이라도 이해하기 훨씬 전부터 수천 년 동안, 농업에서 이런 유전 특성을 이용해 왔다.

초기 농부들은 새끼를 가장 많이 낳는 동물들을 사육하기 시작하고, 가장 우량한 농작물에서 씨앗을 구해 농작물과 가축의 본성을 서서히 바꿨다. 그래서 지금 이들은 자신들의 야생 조상들과 거의 닮지 않았다. 하지만 유전 패턴을 처음으로 조사하기 시작한 것은 200년도 채 되지 않았다.

수도승과 완두콩

1857년 브르노Brno(지금의 체코 중부에 있는 도시)의 수도원 정원에서 그레고어 멘델Gregor Mendel이라는 아우구스티노 수도회 수도사가 특성 유전을 조사하기 위해 완두콩을 세심하게 연구하기 시작했다. 그는 씨앗 색깔과 모양, 꽃 색깔 등 완두콩의 일곱 가지 특징에 초점을 맞췄는데, 예컨대 하얀 꽃이나 연한 자주색 꽃처럼 각기 특성이 다른 두 가지 완두콩 계열을 기르기 시작했다. 특성별로 순종 계열을 확보한 다음 이종 교배하고 결과를 추적했다.

그는 일곱 가지 특징 모두에서 이종 교배 1세대(예컨대 키 큰 완두콩 × 키 작은 완두콩)는 하나의 형태(이 경우에는 키 큰 완두콩)만 나온다는 사실을 발견했다. 다음 세대 번식에서는 엇갈린 결과가 나오며, 그 비율은 항상 3대 1(따라서 키 큰 완두콩 세 그루와 키 작은 완두콩 한 그루)

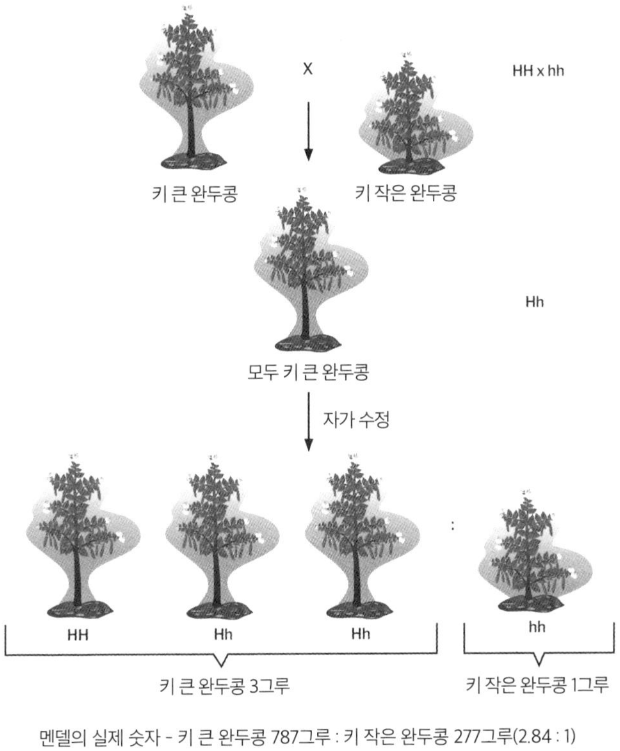

2대에 걸친 완두콩 식물의 키 유전.

이라는 사실을 발견했다. 그는 1세대에서 항상 나타나고, 2세대에서 자주 나타나는 특성을 '우성 형질dominant trait'이라고 부르고, 다른 특성을 '열성 형질recessive trait'이라고 불렀다. 그는 완두콩이 특징별로 두 가지 유전 '인자'를 지니고 있다는 결론을 내렸다. 우성 인자는 항상 열성 인자에 우선한다. 따라서 식물이 키가 큰(우성) 인자와 키가 작은(열성) 인자를 하나씩 물려받으면 키가 크게 된다. 열성 인자가 발현되려면 두 개의 열성 인자가 필요하다.

멘델은 두 모체가 자손에게 각각 한 가지 인자를 제공한다고 유전을 설명했다. 두 인자가 다 우성이거나 하나는 우성이고 하나는 열성이면 그 자손은 우성을 보인다. 만약 두 인자가 다 열성이면 자손은 열성을 보인다. 멘델은 2세대의 형질 비율에서 이 사실을 분명히 알게 됐다.

수수께끼가 풀렸다

우리는 이제 유전의 메커니즘이 DNA, 즉 디옥시리보핵산deoxyribonucleic acid임을 안다. 이중 나선으로 불리는 이 꼬인 사다리 모양의 긴 분자는 그 구조 속에 유전적 특성을 암호화해서 전달한다. DNA의 각 분자는 염색체를 이루고 각각의 염색체는 한 유기체의 다양한 특성 정보를 담고 있다. 멘델의 유전 인자는 현재 대립 유전자 또는 대립 형질이라고 불린다. 멘델의 연구 결과를 정리하면 완두콩 식물은 키에 관한 유전자를 가지는데, 키가 큰(H) 또는 작은(h) 두 개의 대립 유전자 중 하나를 가질 수 있다. 키가 큰 유전자는 우성이고 작은 유전자는 열성이다. 키에 관한 유전자는 완두콩 식물의 여러 염색체 중 한 특정 염색체 덩어리다.

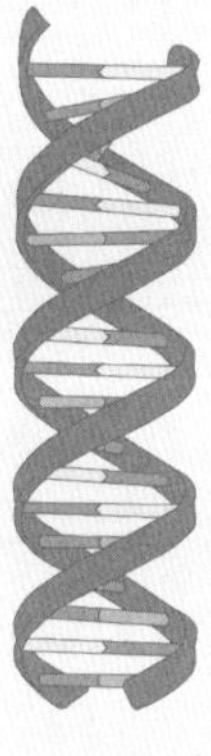

유전자 조합

멘델은 독립적으로 유전되는 특성 때문에, 예컨대 어떤 식물이 키에 대해서는 열성 형질을 가지지만 꽃 색깔에 대해서는 우성 형질을 가질 수 있다는 사실을 연구 과정에서 발견했다. 이로써 생식 세포(난자와 정자)가 만들어질 때 서로 다른 특성에 대한 인자들이 따로 분리된다는 결론을 내렸다. 각각의 새로운 완두콩 식물은 각 모체로부터 각 특성에 대한 인자를 따로따로 얻는다. 각 모체 식물의 두 가지 인자 중 어느 것이 각 생식 세포에 들어갈지, 그에 따라서 특정 완두콩 식물이 어떤 인자를 물려받을지는 순전히 우연의 문제다.

멘델은 유전의 수학은 풀었지만, 유전의 역학에 대해서는 전혀 알지 못했다. 유기체는 모체로부터 정확히 어떻게 특징을 물려받을까? 이는 지금까지도 알려지지 않았다. 1866년에 멘델은 3만 그루의 완두콩 식물 데이터를 가지고 자신의 연구 결과를 발표했지만, 35년 동안 주목받지 못했다.

멘델에서 모건까지

멘델이 자신의 연구 결과를 발표한 지 불과 몇 년 뒤인 1869년 스위스의 화학자 프리드리히 미셔Friedrich Miescher가 백혈구 핵에서 한 물질을 발견하고 이를 뉴클레인nuclein이라고 명명했다. 이 물질은 현재 DNA로 알려져 있다. 그는 이 물질이 중요하다는 것은 알았지만, 무슨 역할을 하는지 전혀 알지 못했다. 아무도 이 물질을 멘델의 유전 연구와 관련짓지 못했다. 사실 1900년 세 명의 식물학자가 독립적으로 이 물질을 재발견하고 그의 발견을 뒷받침하는 실험을 할 때까지도 이 물질을 멘델의 유전 연구와 관련지은 사람은 아무도 없었다.

하지만 이 식물학자들의 연구도 진화 생물학자들의 마음을 끌지는 못했다. 찰스 다윈은 양쪽 부모 특성의 혼합을 통해 진화가 일어난다고 했지만, 멘델의 모델은 어떤 혼합도 인정하지 않았기 때문이다.

얼마 지나지 않아 젊은 미국 생물학자 월터 서턴Walter Sutton이 메뚜기 세포에서 감수 분열(생식 세포를 만드는 세포 분열 과정)을 면밀히 관찰한 결과, 정확히 멘델의 설명대로 염색체가 분열된다는 사실을 깨달았다. 1902년 서턴은 멘델의 유전 법칙이 작동한다는 사실을 염색체가 말해준다고 주장했다. 각각의 특성에 대해 한 쌍의 염색체는 두 개의 유전자를 가진다. 이 한 쌍의 염색체가 감수 분열에서 분리될 때, 각 염색체는 각각의 특성에 대해 하나의 유전자를 가진다. 난자가 수정되면 다른 모체가 기여한 염색체가 두 번째 유전자를 가져온다. 이것은 현재 서턴 보베리Sutton-Boveri 유전 법칙으로 알려져 있다. 독일의 동물학자 테오도어 보베리Theodor Boveri도 비슷한 시기에 비슷한 생각을 많이 주장했기 때문이다.

토머스 모건Thomas Morgan은 초파리 실험을 통해 이 유전 법칙을 결정적으로 증명했다. 1911년 모건은 특정 염색체가 특정 유전자를 담고 있다는 것을 보여주었다. 모건의 박사과정 학생이었던 앨프리드 스터티번트Alfred Sturtevant는 더 나아가 초파리 염색체에서 특정 유전자가 나타나는 곳을 보여주는 최초의 유전자 지도를 만들었다.

멘델과 그의 뒤를 이은 사람들은 유전의 생화학적 메커니즘을 발견함으로써 진화를 설명했을 뿐만 아니라 이전에는 꿈도 꾸지 못했던 유전자 염기 서열 분석, 유전 공학, 유전 의학 등 새로운 분야 발전의 문을 열었다.

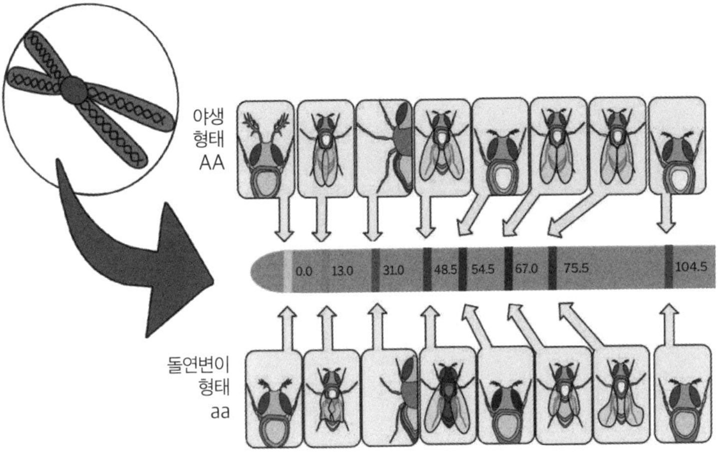

모건과 스터티번트는 초파리의 다양한 돌연변이에 영향을 주는 초파리 유전자 지도를 만들었다.

04

나눌 수 없는 물질 나누기
원자 구조

수 세기 동안 모든 사람이 원자는 '나눌 수 없는 물질'이라는 사실을 받아들였다. 하지만 이제 우리는 원자가 원자보다 작은 입자들로 이루어져 있음을 안다. 즉 원자는 핵 속에 있는 양성자proton와 핵 주위 궤도에 있는 하나 이상의 전자electron, 수소를 제외한 모든 원소는 중성자neutron로 이루어져 있다. 양성자와 중성자는 다시 쿼크quark로 이루어져 있다.

원자 모델 만들기

원자를 구성하는 입자 중 제일 먼저 발견된 것은 1987년 조지프 존 톰슨J. J. Thomson이 발견한 전자다. 그는 물리학자들이 실험해 온 '음극선cathode ray'이 실제로는 음전하를 띤 작은 입자들의 흐름이며, 이 입자들은 가장 가벼운 원자보다 훨씬 가볍기에 따라서 원자의 구성 요소라고 단정했다. 이것은 1904년 첫 번째 원자 모델로 이어졌다. 톰슨의 '크리스마스 푸딩Christmas pudding' 원자 모델은 영국에서 크리스마스에 즐겨 먹는 견과가 촘촘히 박힌 푸딩처럼 음전하를 띤 전자가 박혀 있는 양전하 덩어리 모양이었다.

하지만 1909년 톰슨 모델을 시험하기 위한 유명한 실험은 이 모델이 틀렸음을 보여주었다. 한스 가이거Hans Geiger와 어니스트 마스덴Ernest Marsden은 금박에 알파 입자(양전하를 띤 헬륨 핵)를 발사했다. 이들은 대부분 입자는 직진하고 전자에 가까이 접근하는 일부 입자는 약간 휘어질 것으로 예상했다. 결과는 놀라웠다. 대부분 입자는 직진했지만, 일부 입자는 상당히 굴절되었고 일부는 곧바로 되돌아오기도 했다. 이 실험으로부터 어니스트 러더퍼드Ernest Rutherford는 1911년에 새로운 원자 모델을 고안했다. 이 모델은 양전하가 모두 그가 '핵nucleus'이라고 부르는 중심의 한 점에 집중되어 있고, 음전하는 그 주위에 훨씬 더 큰 구름 모양을 형성하고 있었다. 이 모델은 덴마크 물리학자 닐스 보어Niels Bohr에 의해 수정되었다. 그는 마치 항성 주위를 도는 행성처럼 전자를 특정 궤도에 제한했다(이 모델을 행성 모델이라고도 부르는 이유다). 전자들은 이 궤도를 벗어날 수 없었다. 하지만 이 궤도들 사이를 점프할 수 있었고, 점프하는 방향에 따라 에너지가 필요하거나 에너지를 방출했다.

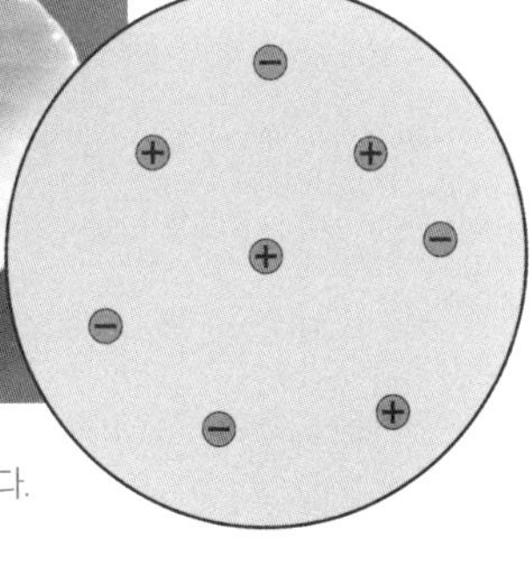

'크리스마스 푸딩' 원자 모델은 전자가 무작위로 분포되어 있다.

중성자

핵을 이루는 물질을 규명하는 문제는 해결에 조금 더 오랜 시간이 걸렸다. 주기율표(47쪽 참조)는 각 원소에 원자번호를 부여했는데, 이 번호는 나중에 원자핵의 양전하와 같은 것으로 알려졌다. 수소 원자 하나의 질량은 양성자 하나의 질량을 나타내야 한다. 그렇다면 질량이 4인 원소(헬륨)의 원자번호가 어떻게 2일 수 있을까? 이에 대한 가정은 핵 속의 '내부 전자internal electron'가 양성자와 균형을 맞춰 원자의 전체 전하를 중성으로 하고, 원자의 정확한 질량을 제공한다는 것이다. 하지만 이 가정은 맞지 않다. 전자의 질량은 양성자 질량의 1800분의 1로, 무시해도 될 수치이기 때문이다. 실제로 내부 전자는 존재하지 않는다. 남은 질량은 1932년 제임스 채드윅James Chadwick이 발견한 '중성자'라는, 전하를 띠지 않은 입자들로 구성된다. 중성자의 질량은 양성자와 같다. 헬륨 원자는 전자 2개의 전하와 균형을 유지하는 2개의 양성자, 나머지 원자 질량을 구성하는 2개의 중성자로 이루어져 있다.

입자 속의 입자

중성자와 양성자는 기본 입자이므로 더 이상 나눌 수 없다는 가정은 1960년대에 반박되기 시작했다. 점점 더 많은 소립자가 발견되거나 관련 이론이 제시되면서 이 모델은 수정이 필요했다. 1964년 머리 겔만Murray Gell-Mann이 '쿼크quark'의 존재를 제안했다(203쪽 참조). 현재 원자에 대한 설명은 양성자와 중성자는 각각 3개의 쿼크로 이루어져 있으며, 전자는 그 자체로 완전하다는 것이다. 원래 '나눌 수 없는 물질'로 여겨지던 물질이 철저히 나뉘었다.

원자 결합하기

모든 물질이 원자로 이루어져 있다는 사실을 받아들이면 또 다른 의문이 제기된다. 원자들이 어떻게 결합해서 물질이 만들어질까? 원자들이 서로 결합해서 분자가 만들어진다. 만약 원자들이 같은 원소라면 분자들도 같은 원소의 결합이다. 예컨대 2개의 수소 원자가 결합하면 수소 분자가 된다. 만약 원자들이 서로 다른 원소라면 이산화탄소(탄소와 산소), 물(수소와 산소) 또는 소금(나트륨과 염소)과 같은 화합물을 형성한다.

원자 다시 그리기

닐스 보어의 원자 모형에서 전자는 각각 핵 주위의 '껍질shell'을 차지하고 있었다. 이 전자껍질은 행성 궤도처럼 원형에 가까운 2차원 궤도가 아니라 핵을 둘러싼 구와 같은 3차원이다. 전자껍질은 다른 수의 전자를 수용할 수 있다. 원자는 외곽 전자껍질이 최대한 수용할 수 있는 전자로 가득 차 있을 때 가장 안정적이다. 가장 안쪽 껍질은 최대 2개의 전자만을 수용하며, 다음 껍질은 8개의 전자를 수용할 수 있다. 각각의 껍질 안에는 하부 껍질subshell이 있고, 하부 껍질 안에는 각각의 전자가 궤도로 불리는 3차원 공간을 차지하고 있다.

전자와 원소

원소의 원자번호는 원소의 원자가 가진 양성자 수를 알려준다. 원자는 양성자와 같은 수의 전자를 가지고 있어서 양전하도 음전하도 띠지 않는다. 원자가 전자를 얻거나 잃으면 '이온화'되어 전하를 띤 이온이 된다.

주기율표의 원소들은 수직 그룹으로 배열된다. 한 그룹의 모든 원소는 가장 바깥쪽 전자껍질의 전자 구성이 비슷하다. 예를 들어 I 그룹의 원소들은 바깥쪽 껍질에 하나의 전자를 가지고 있고, VII 그룹의 원소들은 바깥쪽 껍질에 하나의 전자를 더 수용할 수 있는 여지가 있다. 불활성 기체인 VIII 그룹의 원소들은 바깥쪽 껍질이 가득 차 있다.

원자는 가장 바깥쪽 껍질이 완전히 차 있고 모든 궤도에 전자가 들어 있을 때 가장 안정적이다. 그래서 원자들은 안정적인 상태가 되기 위해 전자를 얻거나 잃거나 공유함으로써 다른 원자들과 결합하려고 한다. 원자들은 다른 원자들과 결합해서 분자를 이룬다.

남는 전자

화학 결합에는 두 가지 유형이 있다. 이온 결합과 공유 결합이다. 이온 결합에서는 한 원자가 다른 원자에 전자를 '준다.' 이렇게 해서 두 원자 모두 이온이 된다. I족 원소(알칼리 금속)와 VII족 원소(할로겐 계열)가 결합해서 만들어지는 소금이 한 예다. 나트륨이나 칼륨과 같은 알칼리 금속의 원자 하나가 염소와 같은 할로겐 원자에 전자를 제공한다. 그 결과 알칼리 금속은 모든 껍질을 채우고 남은 전자를 방출하고, 할로겐 원자는 이를 얻어 바깥쪽 껍질을 채운다. 이 두 원소는 이들의 원자가 불안정하기 때문에 반응성이 크지만, 일단 화합물을 형성하게 되면 안정된다. 알칼리 금속은 남은 전자를 방출하고 양전하를 띤 이온이 되고, 할로겐은 이를 받아들여 음전하를 띤 이온이 된다. 각각의 원자가 이온이 되었기 때문에 이를 이온 결합이라고 한다.

원자들은 하나 이상의 전자를 주거나 받아들여서 하나 이상의 양

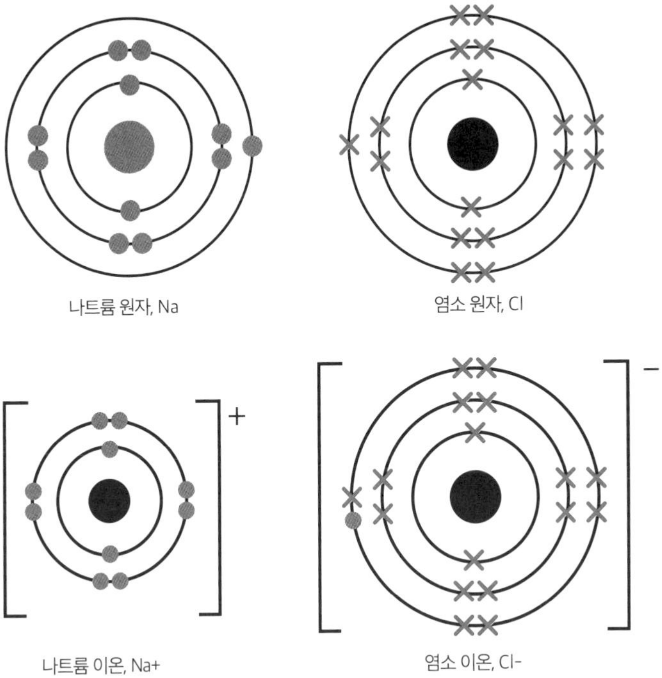

나트륨과 염소 원자는 전자를 교환함으로써 이온이 된다.

전하 또는 음전하를 띠는 이온이 될 수 있다. 예를 들어 산소는 8개의 전자를 가지고 있는데, 안쪽 껍질에 2개, 다음 껍질에 6개의 전자가 차게 되어 그 껍질에 채워지지 않은 2개의 공간이 남는다. 2개의 전자를 받아들여 산화 이온인 'O^{2-}'가 된다.

이온 화합물은 큰 격자 구조를 이룬다. 소금에서 우리는 이를 결정으로 본다. 양이온과 음이온 사이의 인력에는 이온 격자를 유지하는 강한 정전기력이 있기 때문에 이 화합물들은 녹는점과 끓는점이 높으며, 실온에서 항상 고체 상태다. 염화나트륨은 섭씨 800℃를 조금 넘는 온도에서 녹는다.

전자를 공유한다

결합에서 원자들은 한 쌍의 전자를 공유한다. 각 원자는 공유하는 쌍에 하나의 전자를 기여한다. 전자들은 원래의 원자를 떠나는 대신에 두 원자와 관련되는 궤도를 만든다. 비금속 간 또는 두 금속 간의 결합은 종종 공유 결합이다. 수소와 염소의 화합물인 염산이 그 예다. 각 원소가 하나의 전자를 제공하므로 수소는 두 개의 공유 전자로 유일한 껍질을 채우고, 염소는 한 쌍의 공유 전자를 전자 7과 8로 사용해 바깥쪽 껍질을 채운다. 물은 두 개의 수소 원자와 전자를 공유하는 하나의 산소 원자로 이뤄진다. 각각의 수소 원자는 한 쌍의 공유 전자를 가지고, 산소 원자는 두 쌍의 공유 전자를 가진다. 산소는 바깥쪽 껍질에 두 개의 전자가 부족하므로 공유 결합으로 바깥쪽 껍질에 여덟 개의 전자를 완전히 채우게 된다.

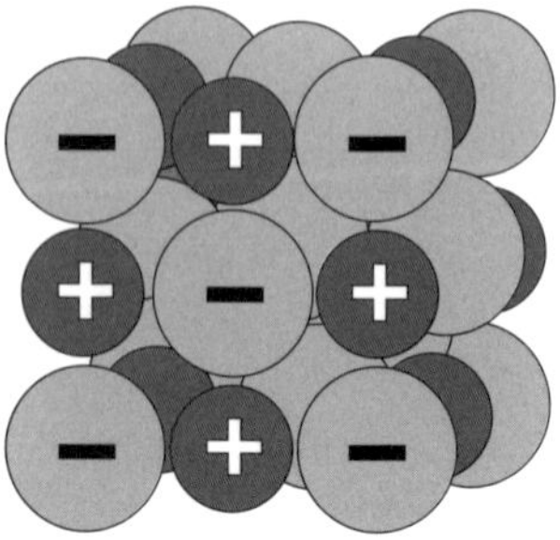

이온 화합물은 양이온과 음이온의 격자구조를 이루고 있다.

주기율표에서 원소의 위치와 가장 바깥쪽 껍질에 있는 전자 수를 보면 해당 원소가 어떻게 다른 원소들과 결합해서 단순 화합물을 이루는지 알 수 있다.

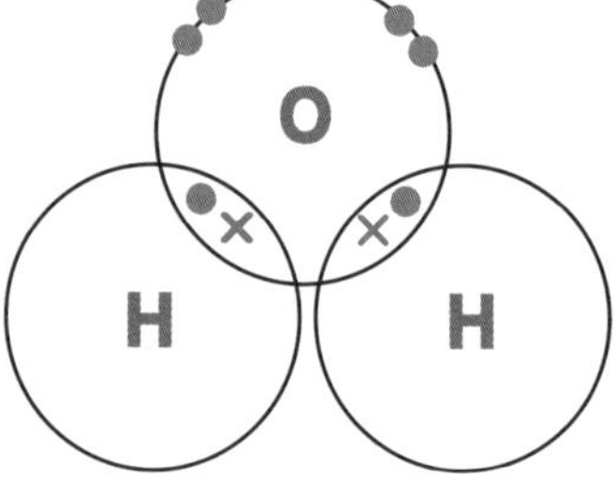

물 분자는 두 쌍의 공유 전자를 포함하고 있어서 이것이 공유 결합을 만든다.

05

무통 수술의 시대를 열다
마취제

오늘날에는 우리가 만약 수술받아야 한다면 수면 상태에서 하거나 적어도 통증을 느끼지 못하도록 신체의 특정 부위를 부분 마취하고 진행할 것이라고 합리적으로 기대한다. 이는 현대 생활의 가장 큰 호사 중 하나다. 하지만 약 150년 전까지만 해도 대부분 의학적 치료에서 통증은 피할 수 없는 동반자였다.

고통은 단순한 고통이 아니다

수술 중에 끔찍한 고통을 견뎌야 하는 것은 분명 생각하기도 무서운 일이지만, 고통의 문제는 고통 그 자체만이 아니다. 외과의사가 수술 환자의 신체 내부를 들쑤시고, 눈에 박힌 화살을 제거하거나 부러진 다리를 붙이는 동안 고통을 겪는 환자가 조용히 누워 있지는 못할 것이다. 이들은 몸부림치고 발버둥쳐서 의사들을 매우 힘들게 할 것이고, 그 결과 수술을 제대로 하기가 극도로 어렵거나 불가능해질 것이다. 이는 간단하게 빨리 끝낼 수 있는 수술만 가능하다는 의미였다. 환자를 결박하고 다리를 절단할 수는 있지만, 맹장을 제거하거나 심장 수술을 하는 것은 불가능하다. 할 수 있는 수술조차도 환자가 충격으로 사망하는 결과를 낳을 수 있다. 마취법의 발명으로 환자가 오랫동안 가만히 누워 있어야 하는 더 복잡한 수술이 가능해졌다.

양귀비와 묘약

수백 년 동안 사람들은 아편의 원료가 되는 양귀비 등의 식물에서 다양한 효능을 가진 약을 만들거나, 환자들에게 과량의 알코올을 주거나, 심지어는 머리를 때리기도 했다. 이 모든 것은 득보다 실이 많을 수 있고 효과가 거의 없었다. 고대에도 마취제를 사용했다는 보고가 있지만, 그것이 얼마나 효과가 있었는지 알 수 있는 상세한 정보는 없다.

중국의 전설적인 명의 화타華佗(서기 140~208년경)가 대마초를 찌고 말려서 가루를 낸 마페이산mafeisan이라는 전신 마취제를 사용해서 수술했다고 전해지지만, 그 방법은 남아 있지 않다. 한때 붓다Buddha의 주치의였던 고대 인도의 명의 지바카Jīvaka도 일종의 마취제를 사용했고 내장 수술은 물론 심지어 뇌수술까지 했다고 전해지지만, 그의 마취제에 대한 어떤 비방도 남아 있지 않으며 기원전 5세기에 그가 사망하면서 자연스럽게 사라진 것으로 보인다.

화타는 효과적인 마취제를 만들었을 것이다.

웃음 가스, 그다지 재미있지 않아

제대로 된 마취법을 향한 첫 진전은 화학자들이 가스를 탐구하기 시작한 18세기 후반에 일어났다. 1772년 조지프 프리스틀리Joseph Priestley가 발견한 아산화질소를 1798년 험프리 데이비Humphry Davy가 연구했다. 데이비는 1799년에 그가 '웃음 가스'로 명명한 가스 발견에 관한 보고서에서, 아산화질소를 들이마셨을 때 행복감이 들고 고통이 사라지고, 사랑니 통증이 가라앉았다고 했다. 마취 가스를 세상에 내놓을 완벽한 기회처럼 보였지만, 데이비와 그의 친구들은 영국 왕립과학연구소Royal Institution에서 오락용으로 시연했다. 1813년 마이클 패러데이Michael Faraday가 합류해 에테르의 통증 완화 및 수면 유도 효과를 탐구하기도 했다. 하지만 그의 피험자 중 한 명이 에테르 치료에서 회복하는 데 꼬박 24시간이 걸렸기 때문에 더 이상 연구

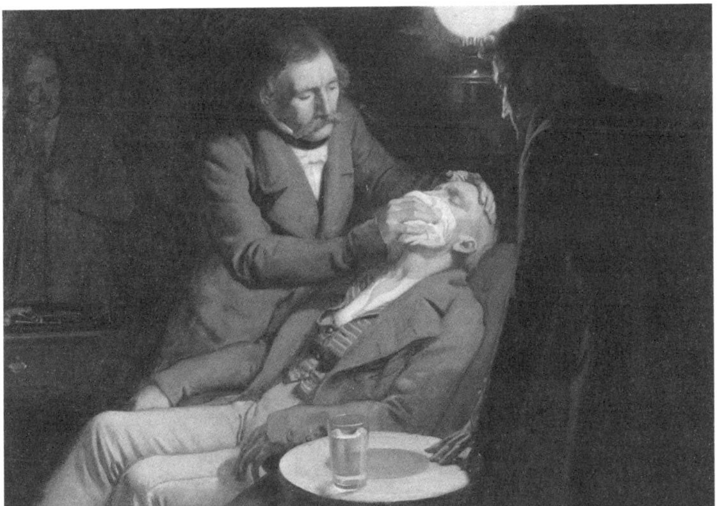

윌리엄 모턴이 치과 수술에 에테르를 처음 사용했다.

를 진행하지 않았다.

아산화질소의 오락적 가치는 마침내 이를 이용하려고 했던 미국 치과의사 호레이스 웰스Horace Wells의 관심을 끌었다. 쇼맨이 웃음 가스를 시연하는 모습을 본 후 웰스는 스스로 아산화질소를 흡입하고 동료에게 자기 치아 하나를 뽑도록 했다. 아산화질소의 마취 효과에 만족한 그는 이 가스를 환자들에게 사용하기 시작했지만, 보스턴에서 시연할 때 한 환자가 고통으로 울부짖었다. 웰스는 아산화질소를 계속 사용했지만, 사용을 장려하지는 않았다. 그의 시연을 도왔던 전 제자 윌리엄 모턴William Morton이 배턴을 넘겨받았다. 아산화질소가 마취제로 충분하지 않으리라는 사실을 깨달은 모턴은 에테르로 실험했다. 그는 매사추세츠 종합병원에서 시연하기 전에 동물에게 먼저 테스트해 본 다음 환자에게 사용했다. 그는 1846년 이 병원에서 마취한 환자의 목에서 종양을 제거했지만, 환자는 아무 고통을 느끼지 못했다. 무통 수술의 시대가 시작된 것이다.

600년의 고통

모턴이 사용한 디에틸에테르di-ethyl ether는 13세기에 황산과 에탄올로 처음 만들어졌다. 그 당시 사람들은 이 무색의 액체가 고통을 덜어주고, 심지어 의식을 잃게 할 수 있다는 것을 알았지만, 의학적 용도로 사용하기까지는 600년이 더 걸렸다. 사람들이 고통을 인류가 감내해야 할 몫으로 받아들인 것은 아마도 도움이 되지 않았을 것이다. 심지어 어떤 종교에서는 고통을 정신적으로 이로운 것으로 여기고, 고통받는 사람은 신에게 가까이 간다거나 신은 선택받은 사람들에게 특별한 시련을 겪게 한다고 했다. 아마도 당시 사람들은 고통이 완화될 수 있거나 완화되어야 한다고 생각할 준비가 되지 않았던 것 같다.

다음 대안은?

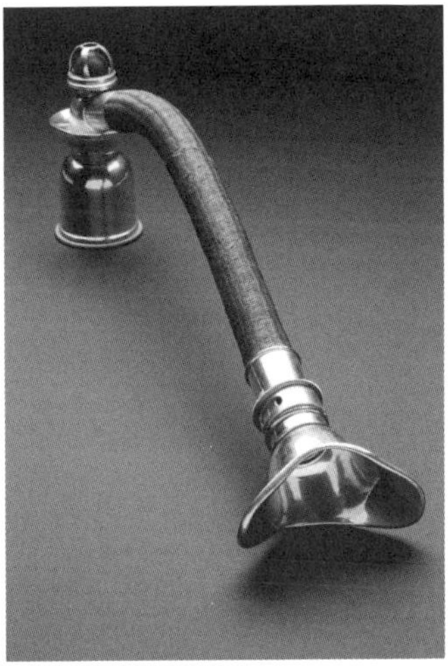

1860년경 프랑스에서 만든 클로로포름 흡입기.

에테르는 불이 잘 붙기 때문에 양초와 가스등을 사용하던 시대에는 적합하지 않았다. 에테르는 무거워서 흩어져 없어지지 않고 바닥에 가라앉아 화재 위험을 일으키는 경향이 있다. 구토를 일으키는 등 불쾌한 부작용이 있고, 효과가 나타나기까지 시간이 오래 걸린다. 에테르의 이런 특성 때문에 사람들은 대안을 찾게 되었고, 그중 하나가 1847년에 도입된 클로로포름chloroform이었다. 빅토리아 여왕이 1853년 레오폴트 왕자를 출산할 때 클로로포름을 사용하면서 마취에 대한 반대는 마침내 잦아들었다.

대안을 찾는 탐구는 이후에도 계속되었고 오늘날까지 이어지고 있으며, 현재는 마취제의 종류가 다양해졌다. 1884년 독일에서 최초로 국소 마취제(당시는 코카인)를 사용한 사례 등을 개선 사례로 들 수 있다. 이는 환자가 의식이 있는 상태에서 신체의 일부만 마취하는 것이다.

또 다른 허들

마취법 덕분에 환자들은 불평하지 않고 가만히 누워 있고, 자신에게 무슨 일이 일어났는지 기억하지 못하고, 충격으로 사망할 가능성이 없어졌지만 광범위하고 새로운 외과적 수술법이 곧바로 생겨나지는 않았다. 불결한 병원에서, 이전 환자의 피가 옷에 묻고 수술 도구를 앞치마로 닦았을지도 모르는 의사가 신체를 여는 수술에는 상당한 감염 위험이 따랐다. 여전히 수술 환자가 대부분 죽어나갔다. 수술을 제대로 하기 위해서는 또 다른 위대한 혁신이 필요했다. 바로 소독이다(208쪽 참조).

06

모든 물질을 구성하는 화학 원소

우리가 아는 한, 우주 만물은 각각 독특한 유형의 원자를 지닌 118개의 화학 원소로 구성되어 있다. 모든 물질이 비교적 적은 수의 기본적인 성분으로 이루어져 있다는 개념은 매우 오래되었지만, 현재의 화학 원소 모델을 정립하기까지는 긴 시간이 걸렸다.

네 가지 이상이 모이면?

몇몇 고대 문화에서 모든 물질이 네 가지 이상의 원소로 이루어져 있다고 생각했지만, 이는 우리가 현재 원소로 생각하는 물질은 아니었다. 고대 중국 춘추시대(기원전 770~476)에는 불, 나무, 흙, 물, 금속이라는 다섯 가지 원소를 상정했다. 이 원소들은 화학적이기보다는 철학적인 '생성'과 '극복'의 관계로 서로 거미줄처럼 복잡하게 얽혀 있었다. 기원전 5세기 중반 고대 그리스의 엠페도클레스 Empedocles는 이와 다소 비슷하게 흙, 불, 물, 공기라는 네 가지 '근원'에 기반을 두고 물질 체계를 설명했다. 이런 근원들은 불화와 사랑이라는 두 대립하는 힘에 영향을 받았다.

물질의 네 가지 요소.

연금술은 중국, 아랍 세계, 유럽에서 일어난 물질에 관한 체계적인 연구의 첫 번째 형태이자 화학의 전신이었다. 이슬람 연금술사들은 고대 그리스인이 정의한 네 가지 근원 요소에서 출발해서 비밀 속에 숨겨진 난해한 신비주의와 영적인 믿음을 화학 지식과 혼합한 매우 복잡한 시스템을 구축했다. 이들은 이런 요소들이 물질에 부여한다고 생각하는 속성과 특성에 초점을 맞추었다. 나중에 연금술사들은 유황과 수은, 소금이 모든 금속의 기본 구성 성분이라고 했다. 하지만 어떤 실험실에서나 볼 수 있는 일반적인 유황, 수은, 소금이 아니라 물질에 특성을 부여하는 일종의 정제된 재료의 정수였다. 모든 물질은 본질적으로 같은 재료로 이루어져 있지만, 다른 금속에 다른 순도를 부여하는 다른 특성을 지녔다고 여겼다. 다소 혼란스럽게도 실제 수은은 너무 많은 수은을 포함하고 있다고 했다. 금은 가장 순수한 물질로, 은은 그다음으로 순수한 물질로 여겼다. 연금술의 목적 중 하나는 흑연, 유황 등의 비금속卑金屬, base metal을 금과 같은 귀금속으로 바꾸는 것이었다. 연금술사들은 필수적인 수은과 황의 수준을 적절히 조절해서 특성을 혼합할 수 있으면 금을 만들 수 있다고 믿었다.

원소가 화학물질이 되다

고대 그리스인과 마찬가지로 연금술사들에게 원소는 화학적으로 구별되는 자연의 재료가 아니었다. 현대 화학 원소 체계와 유사한 것을 최초로 제안한 사람은 프랑스의 화학자 앙투안 라부아지에다. 그는 모든 물질이 제한된 수의 원소 물질로 이루어져 있으며, 서로 다른 비율로 결합하면 다양한 유형의 물질을 만들 수 있다고 주장했다. 이는 오늘날에도 여전히 유효한 원리다.

라부아지에의 33가지 원소 목록에는 아직도 원소로 인식되는 몇 가지 물질이 포함되어 있다. 그중 일부는 화합물로 알려졌으며, 사물을 뜨겁게 만드는 것으로 여겼던 빛과 '칼로리'처럼 현재는 물질로 여기지 않는 것도 있다. 라부아지에는 당시에는 더 이상 나눌 수 없는 물질들을 나열하고 있지만, 이것이 미래의 실험실에서는 분해될 수 있고, 그럴 경우 더 이상 원소로 여겨지지 않을 수도 있음을 조심스럽게 언급했다.

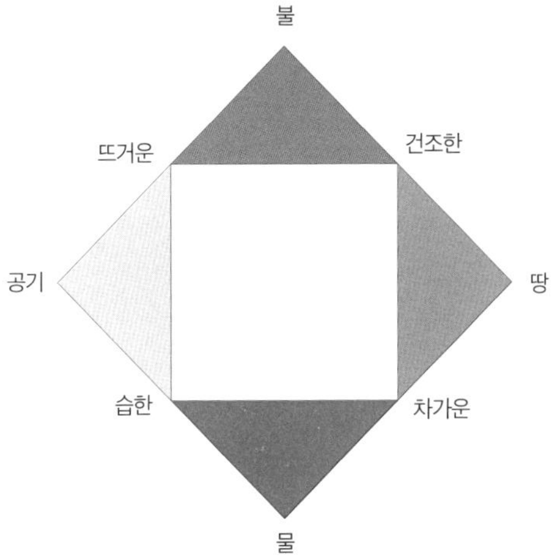

라부아지에의 원소 정의는 원자와 아무런 관련이 없었다. 원소를 원자와 연관 짓는 일은 1801년 영국의 화학자 존 돌턴이 했다. 돌턴은 모든 원소가 고유한 스타일의 원자를 지니고 있으며, 이런 원자의 특징을 토대로 결합을 이룬다고 설명했다.

물질 만들기

금이나 수소와 같은 화학 원소는 전적으로 한 종류의 원자로 이루어지지만, 자연에서 모든 원소가 원자 상태로 발견되지는 않는다. 예컨대 산소와 수소의 경우 원자들이 서로 결합해서 분자 형태로 존재한다. 이들 각각은 단 2개의 원자(O_2와 H_2)로 분자를 이룬다. 탄소는 각각의 탄소 원자가 서너 개의 다른 원자와 결합해서 거대한 분자를 이룬다.

앙투안과 마리안느 라부아지에 부부는 함께 일했지만, 마리안느의 공헌은 역사에서 대부분 무시되어 왔다.

서로 다른 원소들의 원자들이 결합할 때 생성되는 물질이 화합물이다. 소금(염화나트륨)과 모래(대부분 이산화규소) 등이 그 예다. 화합물에서 원소를 분리하기는 매우 어려울 수 있지만, 언제나 가능하다. 모든 화합물은 연소, 용해 등의 화학 작용으로 어떻게든 원소로 환원할 수 있다. 라부아지에가 자신이 원소로 추정하는 것 중 일부는 언젠가 '분해'될 수도 있다고 언급했을 때 그는 몇몇 화합물을 분해하기가 어렵다는 사실을 인식하고 있었다. 마지막 물질 유형은 혼합물이다. 혼합물은 원소 및/또는 화합물이 섞여 있지만, 이들 사이에 화학적 결합이 없는 경우다. 그 한 예인 우유는 여러 가지 지방과 설탕, 단백질과 물의 혼합물이다.

다이아몬드와 석탄

어떤 원소들은 원자를 다르게 배열할 수 있고, 따라서 모든 원자가 같더라도 물리적으로 다른 물질을 만들 수 있다. 탄소는 짙은 회색의 고체인 연필심의 흑연이나 다이아몬드로 존재할 수 있다. 다른 원자 배열이 두 물질에 서로 다른 특성을 부여한다.

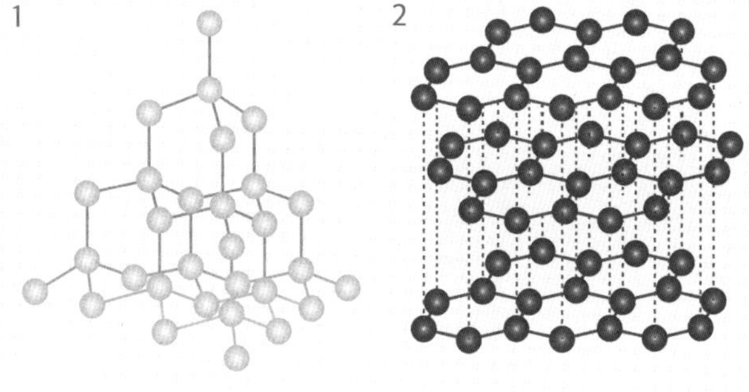

다이아몬드(1)와 흑연(2)의 원자 구성.

더 많은 원소 만들기

1789년 라부아지에가 논문을 발표한 이후 점점 더 많은 원소가 발견되었다. 대부분은 자연 발생하는 것으로 밝혀졌지만, 일부는 실험실에서 만들어졌다. 최초의 인공 합성 원소인 테크네튬technetium은 1937년에 만들어졌다. 방사성 원소는 붕괴하고 핵의 양성자 수가 변화함에 따라 다른 원소가 된다(72쪽 하단 참조). 에밀리오 세그레Emilio Segrè와 카를로 페리에Carlo Perrier는 고에너지 방사선에 노출된 몰리브데넘(원자번호 42) 표본에서 테크네튬(원자번호 43)의 흔적을 발견했다. 몰리브데넘의 일부가 원자핵에 여분의 양성자를 포획해서 테크네튬이 되었다.

가장 무거운 방사성 원소 중 일부는 아주 짧은 순간에만 미량으로 합성될 수 있다. 118번 원소 오가네손organesson의 원자는 대여섯 개만 만들어졌고, 1밀리세컨드ms 미만의 반감기를 갖는 것으로 측정되었다. 이는 오가네손 샘플의 절반이 1ms 이내에 붕괴해서 다른 원소가 되는 것을 의미하므로 이를 연구할 시간이 없었다.

07

화학적 순서 부여하기
주기율표

라부아지에는 모든 물질이 제한된 수의 화학 원소로 이루어진다고 제안하며 순서가 중요하지 않은 원소 목록을 만들었다. 더 많은 원소가 발견되고 라부아지에의 원소 목록 중 일부 원소가 폐기됨에 따라 어떤 원소들은 비슷한 특징을 공유한다는 것이 명백해졌다.

이 사실이 화학자들에게 암시하는 바는 원소들을 의미 있는 순서나 그룹으로 배열할 수 있다는 것이었다. 1869년 러시아의 화학자 드미트리 멘델레예프Dmitri Mendeleev가 원소들을 배열하는 데 성공했다.

드미트리 멘델레예프.

비슷하지만 다른

라부아지에는 원소로 생각되는 33가지 물질을 근본적인 유사성에 따라 금속과 비금속, 토양(또는 광물), 그리고 열과 빛, 세 가지 기체(수소, 산소, 질소)를 포함하는 비고 형체 그룹으로 분류했다. 일부는 원소가 아니라고 생각했지만, 그것들을 분해할 수는 없었다. 특정 화합물에서 원소들이 항상 같은 비율로 결합한다는 돌턴의 이론은 원자론에 중요한 공헌을 했다. 즉 돌턴의 이론은 많은 원소의 상대적인 원자량 계산을 가능하게 했고, 원소들을 차례로 배열하는 방법을 암시했다.

인내가 필요한 게임

멘델레예프가 원소들을 체계화하는 문제를 다룰 무렵에는 63개 원소가 알려져 있었다. 그는 카드 한 장에 각 원소의 이름과 원자량, 성질을 기록한 다음 모든 카드를 원자량이 큰 순서대로 배열했다. 그는 일부 특성이 일정한 간격을 두고 반복된다는 사실을 발견했다. 예컨대 염소와 불소가 비슷하고 나트륨과 칼륨이 비슷하다. 그는 어떤 특성들이 주기적으로 반복된다는 사실을 발견하고 그의 법칙을 다음과 같이 설명했다. '모든 원소를 원자량 순서대로 배열하면 특성이 주기적으로 반복된다.'

간격을 두다

멘델레예프는 1869년에 자신의 주기율표를 만들었다. 우리에게 익숙한 주기율표는 그룹은 세로로, 주기는 수평으로 배열된 주기율표이지만, 멘델레예프의 원래 주기율표 방향은 반대였다. 그가 확인한 7개의 주요 그룹이 가장 긴 줄을 형성했다. 이 위와 아래에 우리가 현재 전이 원소transition element로 생각하는 더 짧은 줄의 원소들을 배치했다. 진정한 주기성을 확인했다고 확신한 그는 존재할 것으로 생각되는 원소들을 위해 간격을 두고, 예측되는 이들의 원자량과 일부 특성을 적어뒀다. 그는 또한 이따금 원자량 순서를 무너뜨리는 대가를 치르면서도 특성의 추세를 고르게 유지하기 위해 원소들의 순서를 뒤집었다.

ОПЫТЪ СИСТЕМЫ ЭЛЕМЕНТОВЪ.

ОСНОВАННОЙ НА ИХЪ АТОМНОМЪ ВѢСѢ И ХИМИЧЕСКОМЪ СХОДСТВѢ.

			Ti=50	Zr=90	?=180.
			V=51	Nb=94	Ta=182.
			Cr=52	Mo=96	W=186.
			Mn=55	Rh=104,4	Pt=197,4.
			Fe=56	Rn=104,4	Ir=198.
			Ni=Co=59	Pl=106,6	Os=199.
H=1			Cu=63,4	Ag=108	Hg=200.
	Be=9,4	Mg=24	Zn=65,2	Cd=112	
	B=11	Al=27,4	?=68	Ur=116	Au=197?
	C=12	Si=28	?=70	Sn=118	
	N=14	P=31	As=75	Sb=122	Bi=210?
	O=16	S=32	Se=79,4	Te=128?	
	F=19	Cl=35,5	Br=80	I=127	
Li=7	Na=23	K=39	Rb=85,4	Cs=133	Tl=204.
		Ca=40	Sr=87,6	Ba=137	Pb=207.
		?=45	Ce=92		
		?Er=56	La=94		
		?Yt=60	Di=95		
		?In=75,6	Th=118?		

Д. Менделѣевъ

멘델레예프의 첫 번째 주기율표.

앞뒤가 들어맞다

멘델레예프의 예측과 일치하는 새로운 원소들이 발견되고 그의 주기율표에 삽입되면서 그의 생각은 증명되었고 더 널리 받아들여지게 되었다. 경우에 따라서는 그가 원자량 순서가 맞지 않는 자리에 원소를 배열했을 때도 나중에 원자량을 다시 계산한 결과, 그가 지정한 위치에 맞아 들어갔다. 1890년쯤에는 이 주기율표가 유효한 것으로 받아들여졌다.

빠진 원소를 예측할 수 있었던 확신 덕분에 멘델레예프는 주기율표의 창시자로 널리 인정받게 되었다. 실제로 독일 화학자 로타르 마이어Lothar Meyer와 순서상으로 누가 먼저인가를 놓고 논쟁이 있었다. 마이어는 1864년에 주기율표를 만들고 1868년에 완성했다. 이 표는 28개의 원소를 원자량 순서대로 보여주고 각 원소의 원자가를 반영하는 그룹들로 나누었다. 원자가는 원자가 다른 원소들과 결합하는 비율을 반영하는 원자의 결합력이다. 그래서 산소의 원자가는 2(H_2O, 물은 산소 원자 1개와 수소 원자 2개가 결합되어 있다)이고, 탄소의 원자가는 4(CH_4, 메탄은 탄소 원자 1개와 수소 원자 4개가 결합되어 있다)이다. 우리는 이제 원자가가 가장 바깥쪽 전자껍질의 전자 수용 능력을 반영한다는 것을 알고 있지만, 원자가는 전자의 존재가 인식되기 전에 연구되었다. 마이어는 1870년에 그의 표를 출판했고, 수직/수평 배열을 변경해서 원자가 별로 표시된 그룹들이 수평이 되도록 했다. 멘델레예프는 마이어와는 반대로 그룹을 수평으로 배열했다가

쌍 교환

원소를 쌍으로 교환하는 것이 주기율표의 규칙을 완전히 위반하는 것처럼 보일 수 있지만, 전적으로 타당한 것으로 밝혀졌다. 아이오딘iodine와 텔루르tellurium는 멘델레예프가 바꾼 원소 쌍이다. 아이오딘는 원자량이 127이지만, 텔루르는 여러 동위 원소로 존재한다. 어떤 원소의 동위 원소는 모두 양성자와 전자 수는 같지만, 중성자 수가 다르다. 이는 동위 원소들의 원자량이 서로 다르다는 것을 의미한다. 가장 풍부한 텔루르 동위 원소는 원자량이 128과 130으로 평균 원자량이 아이오딘보다 무겁지만, 이들은 모두 아이오딘 원자보다 양성자와 전자 수가 적으므로 주기율표에서 아이오딘보다 앞에 있어야 한다.

원자가	4	3	2	1	1	2
원소	-	-	-	-	Li = 7.03	Be = 9.3
	C = 12.0	N = 14.04	O = 16.00	F = 19.00	Na = 23.05	Mg = 24.00
	Si = 28.5	P = 31.0	S = 32.07	Cl = 35.46	K = 39.13	Ca = 40.00
	-	As = 75.0	Se = 78.8	Br = 79.97	Rb = 85.4	Sr = 87.6
	Sn = 117.6	Sb = 120.6	Te = 128.3	I = 126.8	Cs = 133.0	Ba = 137.1
	Pb = 207.0	Bi = 208.0	-	-	Tl = 204	-

1864년에 작성된 로타르 마이어의 주기율표.

수직으로 재배열했다.

마이어의 연구는 확실히 멘델레예프에 필적한다. 하지만 마이어는 자신의 계획을 널리 알리는 데 소극적이었고, 주기율표에 포함된 원소 수도 훨씬 적었으며 멘델레예프가 자신의 계획을 밝힌 후인 1870년까지 주기율표를 발표하지 않았다. 또한 마이어는 빠진 원소를 예측하기를 망설이고, 학생들에게 자기 주기율표를 예측하는 방식으로 사용하지 말라고 가르쳤다.

모든 원소에 번호를 매기다

멘델레예프는 자신이 정한 순서대로 원소에 번호를 매겼다. 오랫동안 원소의 원자번호는 주기율표에서 원자의 위치에만 관련된 것처럼 보였다. 밝혀진 바와 같이 원자번호는 원소의 원자 구조를 잘 설명한다. 원자번호는 양성자 또는 전자의 수에 해당한다(이는 이온화되지 않는 한 같다). 원소가 발견되는 그룹(세로행)은 원자의 바깥쪽 껍질에 있는 전자의 수를 나타낸다.

원소가 발견되는 주기(가로열)는 원자의 가장 바깥쪽 전자껍질이 몇 번째인지를 나타낸다. 예를 들어 칼륨은 19개의 전자와 19개의 양성자를 가지고 있다. 그 전자 배치는 2.8.8.1이다. 즉 가장 안쪽 껍질에 2개의 전자가 있고, 다음 두 개의 껍질에 각각 8개가 있으며, 가장 바깥쪽 껍질에 1개만 있다. 여기서 우리는 칼륨이 그룹 I(마지막 껍질에 하나의 전자를 가지고 있음)과 주기 4(최종 전자는 네 번째 껍질에 있음)에 있음을 알 수 있다.

더 많은 원소

비활성 기체(VIII 그룹)는 멘델레예프에게 알려지지 않았다. 하지만 모든 열 맨 끝에 전체 그룹을 추가하는 것은 그다지 지장을 초래하지 않았다. 멘델레예프는 전이 금속(스칸듐에서 아연까지 10개 원소)을 I~VII 그룹 블록의 어느 한 쪽에 두었는데, 이들을 그룹 II와 III 사이에 수용해야 한다는 인식으로 지금 우리에게 익숙한 모양으로 표를 다시 그릴 필요가 있었다. 란타노이드lanthanoids와 악티노이드actinoids 원소는 나중에 주기율표를 확장할 때 추가되었다.

주기율표는 멘델레예프의 원래 63개 원소에서 현재 알려진 118개 원소로 확장되었다. 우라늄보다 무거운 '초우라늄transuranic' 원소는 모두 방사성 원소이며 많은 원소는 반감기가 매우 짧다(74쪽 하단 참조). 이 원소들은 생성되자마자 방사성 붕괴로 사라지기 때문에 자연에서 발견되지 않는다. 이들은 실험실에서 붕괴 사슬의 순간적인 존재로 만들어지며, 반감기는 극히 짧다. 지금까지 알려진 가장 무거운 원소는 오가네손oganesson으로 반감기는 1ms 미만이다.

더 많은 원소가 있을까?

전 세계 화학자들은 119 이상의 원소를 찾기 위해 노력해 왔다. 이는 새로운 주기를 주기율표에 추가하는 것을 의미한다. 지금까지 이들은 성공하지 못했다. 원자의 질량이 커질수록 전자는 더 빨리 움직여야 한다. 계산에 따르면 이 사실이 무거운 원소에 대한 제한 요인이 될 것이다. 전자는 빛의 속도보다 더 빨리 움직일 수 없다. 어떤 계산에서는 그 한계가 원소 137, 다른 계산에서는 원소 170이라고 한다.

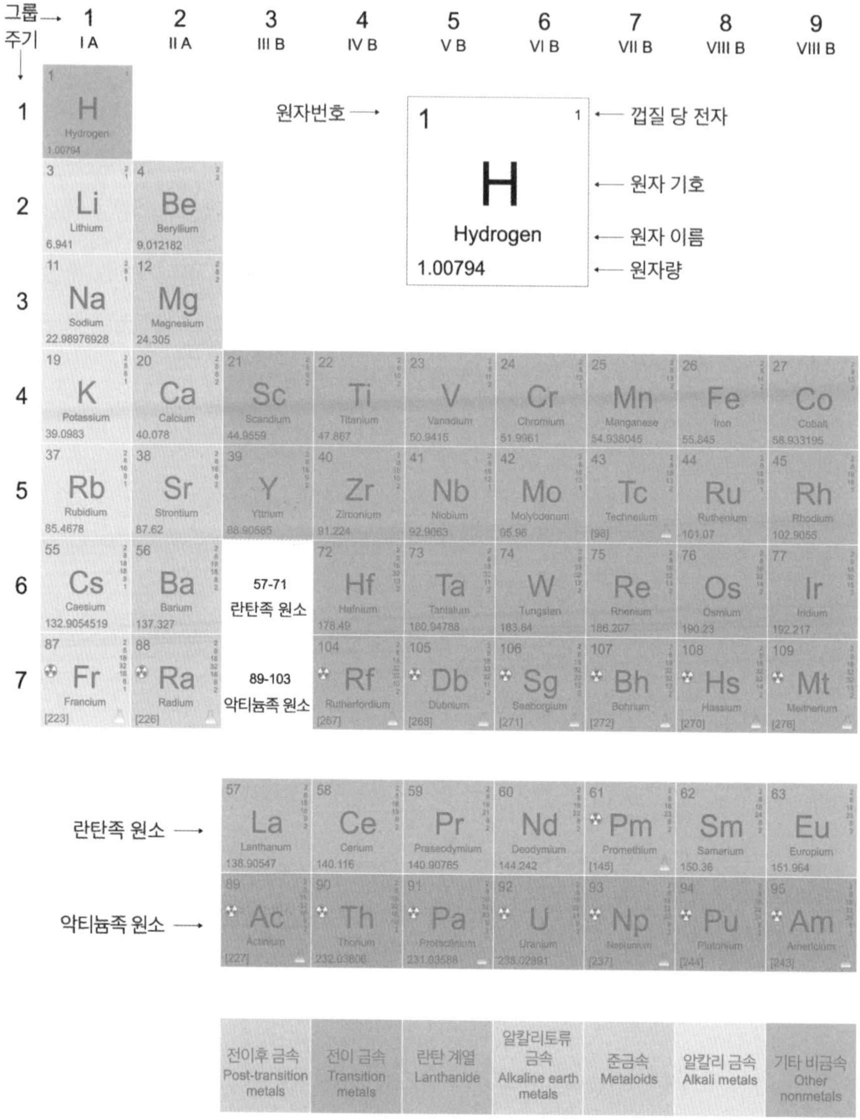
그룹
주기
1 IA
2 IIA
3 IIIB
4 IVB
5 VB
6 VIB
7 VIIB
8 VIIIB
9 VIIIB
원자번호
껍질 당 전자
원자 기호
원자 이름
원자량
1 H Hydrogen 1.00794
3 Li Lithium 6.941
4 Be Beryllium 9.012182
11 Na Sodium 22.98976928
12 Mg Magnesium 24.305
19 K Potassium 39.0983
20 Ca Calcium 40.078
21 Sc Scandium 44.9559
22 Ti Titanium 47.867
23 V Vanadium 50.9415
24 Cr Chromium 51.9961
25 Mn Manganese 54.938045
26 Fe Iron 55.845
27 Co Cobalt 58.933195
37 Rb Rubidium 85.4678
38 Sr Strontium 87.62
39 Y Yttrium 88.90585
40 Zr Zirconium 91.224
41 Nb Niobium 92.9063
42 Mo Molybdenum 95.96
43 Tc Technetium [98]
44 Ru Ruthenium 101.07
45 Rh Rhodium 102.9055
55 Cs Caesium 132.9054519
56 Ba Barium 137.327
57-71 란탄족 원소
72 Hf Hafnium 178.49
73 Ta Tantalum 180.94788
74 W Tungsten 183.84
75 Re Rhenium 186.207
76 Os Osmium 190.23
77 Ir Iridium 192.217
87 Fr Francium [223]
88 Ra Radium [226]
89-103 악티늄족 원소
104 Rf Rutherfordium [267]
105 Db Dubnium [268]
106 Sg Seaborgium [271]
107 Bh Bohrium [272]
108 Hs Hassium [270]
109 Mt Meitnerium [276]
란탄족 원소
57 La Lanthanum 138.90547
58 Ce Cerium 140.116
59 Pr Praseodymium 140.90765
60 Nd Neodymium 144.242
61 Pm Promethium [145]
62 Sm Samarium 150.36
63 Eu Europium 151.964
악티늄족 원소
89 Ac Actinium [227]
90 Th Thorium 232.03806
91 Pa Protactinium 231.03588
92 U Uranium 238.02891
93 Np Neptunium [237]
94 Pu Plutonium [244]
95 Am Americium [243]
전이후 금속 Post-transition metals
전이 금속 Transition metals
란탄 계열 Lanthanide
알칼리토류 금속 Alkaline earth metals
준금속 Metaloids
알칼리 금속 Alkali metals
기타 비금속 Other nonmetals

현대적 주기율표.

10 VIII B	11 I B	12 II B	13 III A	14 IV A	15 V A	16 VI A	17 VII A	18 VIII A
								2 He Helium 4.002602
			5 B Boron 10.811	6 C Carbon 12.0107	7 N Nitrogen 14.0067	8 O Oxygen 15.9994	9 F Fluorine 18.9984032	10 Ne Neon 20.1797
			13 Al Aluminium 26.9815386	14 Si Silicon 28.0855	15 P Phosphorus 30.973762	16 S Sulfur 32.065	17 Cl Chlorine 35.453	18 Ar Argon 39.948
28 Ni Nickel 58.6934	29 Cu Copper 63.546	30 Zn Zinc 65.38	31 Ga Gallium 69.729	32 Ge Germanium 72.64	33 As Arsenic 74.9216	34 Se Selenium 78.96	35 Br Bromine 79.904	36 Kr Krypton 83.798
46 Pd Palladium 106.42	47 Ag Silver 107.8682	48 Cd Cadmium 112.411	49 In Indium 114.818	50 Sn Tin 118.71	51 Sb Antimony 121.76	52 Te Tellurium 127.6	53 I Iodine 126.90447	54 Xe Xenon 131.293
78 Pt Platinum 195.084	79 Au Gold 196.966569	80 Hg Mercury 200.59	81 Tl Thallium 204.3833	82 Pb Lead 207.2	83 Bi Bismuth 208.9804	84 Po Polonium [209]	85 At Astatine [210]	86 Rn Radon [222]
110 Ds Darmstadtium [281]	111 Rg Roentgenium [280]	112 Cn Copernicium [285]	113 Uut Ununtrium [286]	114 Fl Flerovium [289]	115 Uup Ununpentium [288]	116 Lv Livermorium [293]	117 Uus Ununseptium [294]	118 Uuo Ununoctium [294]

64 Gd Gadolinium 157.25	65 Tb Terbium 158.9253	66 Dy Dysprosium 162.5	67 Ho Holmium 164.93032	68 Er Erbium 167.259	69 Tm Thulium 168.93421	70 Yb Ytterbium 173.054	71 Lu Lutetium 174.9668
96 Cm Curium [247]	97 Bk Berkelium [247]	98 Cf Californium [251]	99 Es Einsteinium [252]	100 Fm Fermium [257]	101 Md Mendelevium [258]	102 No Nobelium [262]	103 Lr Lawrencium [262]

할로겐 원소 Halogens	악티니드 계열 Actinide	비활성 기체 Noble gases	방사성 원소 Radioactive element	합성 원소 Synthetic element	H 기체	Hg 액체	Li 고체

08

우리를 지탱하는 힘
중력

물체가 아래로 떨어지는 것은 분명하다. 하지만 중력이 실제로 그런 것은 아니다. 1665년 아이작 뉴턴이 링컨셔의 가족 농장 과수원 사과나무 아래에 앉아 있을 때 사과가 나무에서 떨어지는 것을 보고 중력 이론을 생각해 냈다는 이야기는 중력이 항상 사물을 아래로 떨어지게 한다는 사실을 알아차렸다는 뜻이 아니다.

뉴턴은 사물이 옆으로 혹은 다른 방향으로 떨어지지 않고 항상 아래로 떨어지는 이유가 궁금했다. 실제로 물체가 아래로 떨어지는 원인은 무엇일까? 뉴턴의 대답은 우주가 어떻게 결합되어 있는지를 설명한다.

아래로 떨어지는 것이 아니다

뉴턴의 중력에 대한 설명은 위아래와 전혀 상관없다. 그보다도 중력은 질량을 가진 두 물체 사이에서 작용하는 힘으로 설명된다. 중력은 물체를 다른 물체의 질량 중심으로 끌어당긴다. 지구의 질량 중심은 지구 안쪽 깊숙이 있는 지구의 중심부다. 우리가 지구 어디에 있든 우리가 떨어뜨리는 것은 무엇이든 지구 중심으로 끌리므로

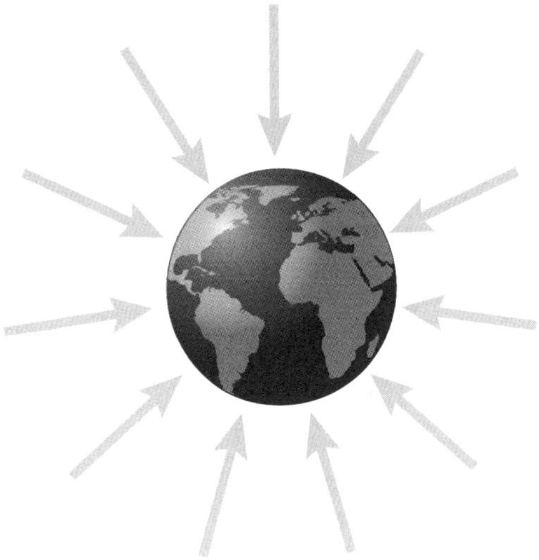

물체를 지구 중심으로 끌어당기는 지구의 중력.

우리가 '아래'라고 부르는 방향으로 움직인다. 분명히 북극에 떨어진 물체, 남극에 떨어진 물체, 적도에 떨어진 물체는 모두 아래로 떨어진다. 하지만 지구 밖에서 보면 그것들은 모두 다른 방향으로 움직인다.

$$\text{힘} = \frac{\text{중력 상수} \times \text{작은 물체의 질량} \times \text{큰 물체의 질량}}{\text{물체 간의 거리} \times \text{물체 간의 거리}}$$

뉴턴은 중력을 계산하는 다음 공식을 고안했다.

$$F = \frac{GmM}{r^2}$$

여기서 F는 두 물체 사이에 작용하는 힘(이 힘을 뉴턴Newton으로 측정한다. 1뉴턴은 1kg m/s^2이다. 즉 질량 1kg에 1m/s^2의 가속도를 주는 힘이다), G는 만유인력상수(이는 행성마다 값이 다르기 때문에 실제로는 '보편적'이지 않다), m은 작은 물체의 질량, M은 큰 물체의 질량, r은 물체 간의 거리다.

중력은 두 물체에서 모두 느껴진다. 이는 지구가 우리에게 중력을 미치는 것처럼 우리도 지구에 중력을 미친다는 것을 의미한다. 분명히 우리가 지구에 미치는 영향은 지구가 우리에게 미치는 영향보다 적다. 얼마나 빨리 떨어질까?

$$\cancel{\text{질량}} \times \text{가속도} = \frac{\text{중력 상수} \times \cancel{\text{작은 물체의 질량}} \times \text{큰 물체의 질량}}{\text{물체 간의 거리} \times \text{물체 간의 거리}}$$

따라서,

$$\text{가속도} = \frac{\text{중력 상수} \times \text{작은 물체의 질량}}{\text{물체 간의 거리} \times \text{물체 간의 거리}}$$

얼마나 빨리 떨어질까?

뉴턴은 또한 힘을 질량 × 가속도로 정의했다(F=ma). 이를 뉴턴의 중력 방정식에 대입하면 중력을 받는 물체의 가속도를 알아낼 수 있다. 오늘날에도 많은 사람을 놀라게 하는 이 방정식의 가장 흥미로운 결과는 낙하하는 물체의 질량이 낙하 속도에 영향을 미치지 않는다는 것이다. 방정식 양쪽에 보이는 작은 물체의 질량은 서로 상쇄되지만,

아무런 영향이 없다. 갈릴레오는 이미 지난 세기에 질량이 다른 물체들이 같은 속도로 낙하한다는 것을 증명하는 데 시간을 보냈다.

아이작 뉴턴.

일상에서 관찰해 보면 때때로 가벼운 물체가 무거운 물체보다 더 느리게 낙하할 때가 있지만, 이는 중력보다는 공기 저항(항력)의 영향이다. 같은 모양의 물건은 질량과 관계없이 같은 속도로 떨어진다. 얇은 종잇조각은 돌보다 더 느리게 떨어지지만, 공에 끼운 같은 종잇조각보다 더 느리게 떨어지기도 한다. 질량은 실제로 낙하 속도에 영향을 미치지 않는다는 사실은 1971년 우주비행사 데이비드 스콧David Scott이 달에서 쇠망치와 깃털을 떨어뜨리며 증명했다. 깃털의 하강을 늦출 공기가 없는 상태에서 쇠망치와 깃털은 둘 다 동시에 달 표면에 떨어졌다.

우주에 대한 설명

뉴턴은 중력 이론을 사용해서 행성들이 어떻게 태양 주위를 돌고 위성들이 행성들의 주위를 도는지를 설명했다. 물체는 움직일 때 속도와 방향이 있다. 속도나 방향이 바뀌면 물체는 가속한다. 힘이 작용해서 속도나 방향을 바꿀 때만 가속할 수 있다. 물체에 작용하는 힘이 없으면 물체는 움직이지 않거나(정지 상태일 경우) 같은 방향으로, 같은 속도로 계속 움직인다. 항성(별) 주위를 도는 행성은 직선으로 움직이는 것이 아니라 거의 원형에 가까운 경로를 따라 계속해서 방향을 바꾸고 있다. 방향을 바꾸기 위해서는 힘이 작용해야 하는데 그 힘이 바로 중력이다. 중력은 행성을 항성 쪽으로 끌어당기는 작용을 하지만, 궤도를 도는 행성은 궤도에 머무르기 위해 적절한 속도로 움직인다. 중력의 힘은 행성을 별 쪽으로 끌어당기기에는 충분하지 않지만, 행성이 일직선으로 우주로 빠져나가는 것을 막기에는 충분하다.

작은 궤도에 있는 물체(중심 물체에 가까운 물체)는 궤도를 유지하기 위해 큰 궤도에 있는 물체보다 더 빨리 움직여야 한다. 지구는 태양 주위를 돌 때 거의 초속 30㎞로 이동하지만, 훨씬 더 멀리 있는 토성은 초속 10㎞로 이동한다. 오늘날 우리는 뉴턴의 법칙과 계산법을 이용해서 인공위성이 지구 궤도를 돌면서 지표면으로 추락하거나 우주로 탈출하지 않도록 하는 방법을 알아낼 수 있다.

시공간 뒤틀림을 보여주는 2차원적 시각화.

질량과 무게

우리는 '질량'과 '무게'를 번갈아 사용하는 데 익숙하며 지구에서는 질량과 무게가 같다. 하지만 물리학에서 질량은 물체를 구성하는 물질의 양을 나타내는 척도이고, 무게는 그 질량에 작용하는 중력의 척도다. 우리가 지구에 머무르는 한, 이 둘은 사실상 같다. 체질량이 5㎏ 감소하면 체중도 5㎏ 감소한다. 하지만 만약 우리가 달에 간다면 체질량이 같더라도 우리 몸무게는 지금보다 더 줄어들 것이다. 지구보다 질량이 작은 달의 중력이 지구 중력보다 약하기 때문이다.

최신 중력 이론

뉴턴의 중력 이론은 200년 이상 과학에 더할 나위 없이 도움이 되었다. 하지만 20세기 초에 알베르트 아인슈타인은 중력을 새로운 시각에서 바라보고 그것을 다시 설명했다. 아인슈타인은 중력을 시공간 연속체spacetime continuum의 뒤틀림으로 보았다. 여기서 일반적인 비유를 하자면 팽팽하게 당겨진 담요 위에 놓인 무거운 공을 떠올리면 된다. 그 공은 담요 표면에 움푹 들어간다. 담요 위에 더 작은 공을 올려놓으면 움푹 들어간 쪽으로 굴러갈 것이다. 이는 중력의 효과를 보여주지만, 중력은 담요의 2차원이 아니라 3차원에서 작용한다.

두 모형('질량을 가진 물체 사이에 작용하는 힘'과 '시공간 연속체의 뒤틀림') 사이의 실질적인 차이는 거의 없는 것처럼 들릴 수 있다. 하지만 시공간 연속체의 뒤틀림은 심지어 질량이 없는 물체에도 영향을 준다는 점에서 중요한 차이가 있다. 아인슈타인은 중력이 빛의 경로에도 영향을 미칠 것으로 예측했다. 1919년 개기월식이 일어나는 동안 이루어진 측정 결과, 아인슈타인이 정확하다는 것이 증명되었다.

아서 에딩턴의 1919년 일식 사진.

빛이 중력에 의해 휘어진다는 결과는 그의 일반 상대성 이론을 확인시켜 주었다(275쪽 하단 참조). 일식이 일어나는 동안 태양 근처에 있는 것으로 보이는 별들은 하늘이 어두워서 볼 수 있다. 보통 낮에는 태양이 너무 밝아서 별을 볼 수 없다. 아서 에딩턴Arthur Eddington과 프랭크 다이슨Frank Dyson은 일식이 일어나는 동안 지구의 다른 두 곳에서 보이는 특정한 별들의 겉보기 위치를 비교함으로써 아인슈타인이 예측한 정도까지 태양에 의해 빛이 굴절되고 있음을 확인했다.

우주를 지탱하는 힘

중력의 힘은 별, 행성, 심지어 은하까지도 만들어 냈으며, 제자리에 머물게 하고 있다. 중력은 질량이 있는 물체들이 서로 끌어당기게 하고, 행성들이 작은 먼지와 얼음 입자들을 흡수해서 몸집을 키울 수 있게 했다(81쪽 참조). 중력은 기체 분자들이 서로 끌어당겨 별을 형성하고, 덩어리의 질량이 증가함에 따라 서로 가까이 끌어당겨 결국 핵융합이 시작되게 했다(158쪽 '핵융합이 우주를 만든다' 참조). 중력은 지구 대기권을 유지하고, 우주를 가속 팽창시키는 암흑 에너지의 힘에 대항해서 작용한다(163쪽 '물질뿐만 아니라 에너지도' 참조).

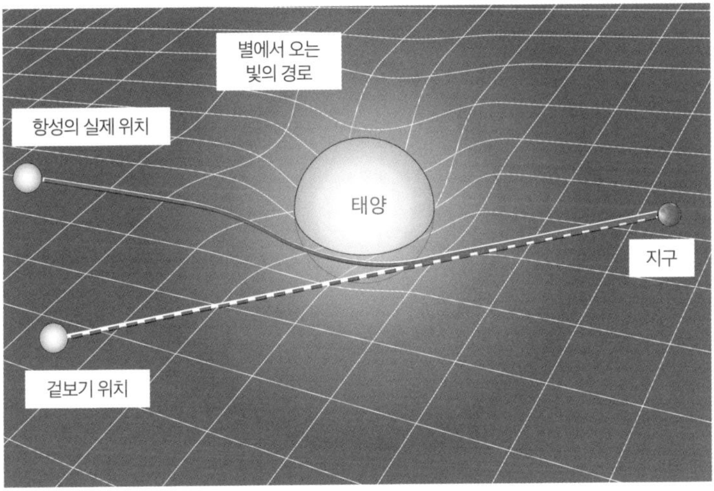

심지어 질량이 없는 빛도 시공간의 곡선을 따라간다.

만약 중력 양자graviton를 매개로 전달되는 중력파가 존재한다면 두 개의 중성자별이 합쳐지면서 방출하는 파동은 그림과 같이 보일 것이다.

중력은 물리학자들이 인정하는 네 가지 기본 상호작용 중 하나다. 중력은 그중 가장 약한 힘이다. 하지만 현미경 없이 맨눈으로 보이는 물체에 중요한 영향을 미치는 유일한 힘이다. 거리가 두 배가

되면 중력은 4분의 1로 떨어지는 거리의 역제곱 법칙에 따라 거리가 멀어지면 중력은 그 영향력이 감소하지만, 먼 거리에서도 작용한다. 중력이 양자화되어 있는지, 즉 별개의 양으로 측정될 수 있는지, 그리고 '중력 양자graviton'로 알려진 가상의 입자에 의해 매개되는지는 아직 알려지지 않았다.

09

생명의 단위
세포설

모든 생물체는 세포로 이루어져 있다. 세포는 작은 생화학 처리기 역할을 하는 독립된 작은 주머니다. 지구상의 최초의 생명체는 매우 기본적인 형태의 단일 세포로 이루어진 매우 단순한 유기체였다(152쪽 참조).

지구상의 모든 생명체는 이런 세포들에서 진화해 왔고, 박테리아에서 삼나무와 고래에 이르는 모든 생명체는 두 가지 기본적인 세포로 이루어져 있다.

눈에 보이지 않는 세포

17세기 현미경이 발명되기 전에는 아무도 세포의 존재를 몰랐다. 세포가 너무 작기 때문이라고 말하기 쉽지만, 모든 세포가 미세한 것은 아니다. 심지어 타조와 악어의 거대한 알까지 모든 알은 단세포다. 하지만 대부분 세포는 매우 작다.

처음 세포를 보고 이를 설명하고 이름을 붙인 사람은 영국의 현미경 학자 로버트 훅Robert Hooke이다. 현미경으로 보고 그린 아이템에 관한 그의 놀라운 책 《마이크로그라피아Micrographia》는 처음으로 대중에게 미시적인 영역을 소개했다. 1665년에 출판된 이 책에는 코르크 조각에서 그가 본 구멍 그림이 있는데, 벌집과 다소 비슷하게 생겼지만 벌집보다는 불규칙한 모양을 하고 있다고 묘사했다.

훅은 코르크 16㎤안에 거의 13억 개의 세포가 있다고 계산해 냈다. 주변에서 단순하게 보이는 모든 사물이 거의 무한한 복잡성을 띠고 있다는 사실을 미시적인 차원에서 깨달았을 때 그것은 분명 놀라운 순간이었을 것이다. 그 작은 칸들은 수도원의 수도승들이 살던 방을 떠올리게 했다. 그래서 그는 이것들을 세포cell라고 이름 지었다.

> "이것은 실제로 내가 본 최초의 미세한 구멍들이었고, 이전에 이것들에 대해 언급한 작가나 사람을 만난 적이 없었으므로 아마도 내가 이것을 본 최초의 사람일 것이다."
>
> — 로버트 훅

살아 있는 세포

훅은 죽은 지 오래된 텅 빈 세포들을 조사해 왔다. 실제로 그는 세포들이 남긴 세포벽만을 보았다. 코르크는 코르크나무껍질이고, 훅이 본 조각은 나무에서 벗겨서 와인병 마개로 가공한 것이었다. 그것은 살아 있는 유기체와는 매우 거리가 멀었다.

시간이 지남에 따라 현미경 성능이 향상되면서 사람들은 살아 있는 세포의 진정한 복잡성을 보기 시작했다. 세포에는 세포를 외부 세계와 분리하는 세포벽이 있으며, 어떤 물질들은 이 벽을 통과할 수 있다(세포는 이를 어느 정도 제어한다). 세포 내부에는 세포질이라 불리는 끈적끈적한 유체와 다양한 기능을 하는 조직이 있다. 세포의 정확한 내용물은 종류에 따라 다르지만, 모든 세포에는 겉과 세포질, 유전 물질(유전자 정보를 포함하는 DNA), 그리고 단백질을 합성할 수 있는 리보솜이 있다.

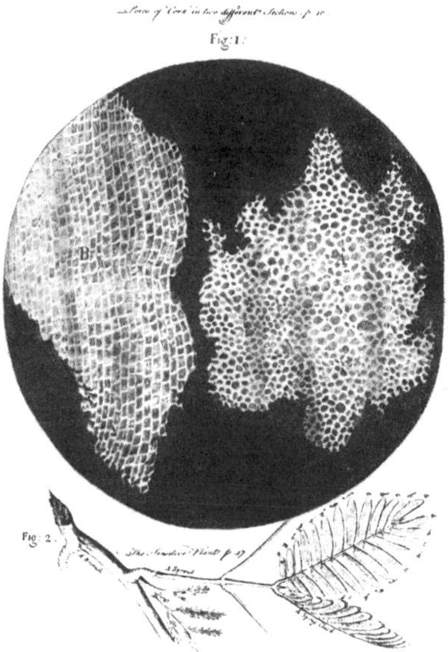

훅이 그린 코르크 세포.

훅이 다른 생명체들도 세포로 이루어져 있으리라고 짐작은 했지만, 세포가 모든 식물과 동물의 구성 요소라는 이론은 1839년 테오도어 슈반Theodor Schwann이 제시했다. 슈반은 동물 세포를 광범위하게 연구했고, 식물 세포를 연구한 마티아스 슐라이덴Matthias Schleiden과 연구 노트를 비교했다. 각자 자기 영역의 모든 생물(동물이나 식물)이 세포로 이루어져 있다는 결론에 도달했다. 슈반은 나아가 모든 식물과 동물은 세포로 구성되어 있고 세포는 생명체의 구성 요소라는 세포설의 첫 번째 요점을 제안했다. 1858년 루돌프 피르호Rudolf Virchow는 모든 세포가 다른 세포에서 나온다는 고전적인 세포설의 마지막 요점을 추가했다. 즉 세포는 무생물로부터 만들어지지 않고 번식을 통해 더 많은 세포를 만들어 낸다.

생명을 넘어서?

과학자들이 바이러스를 생물로 여기는 것에 모두 동의하는 것은 아니다. 바이러스는 세포가 없고, 생물체라기보다는 자기 복제하는 화학물질로 부를 수 있다. 이들은 숙주 세포, 즉 식물, 동물, 박테리아와 같은 다른 유기체 안에서만 증식할 수 있다. 바이러스와 같은 것이 아마도 살아 있는 세포로 가는 길의 디딤돌이었겠지만, 이들이 '살아 있는 것'이라고 주장할 수 있을지는 논란의 여지가 있다.

우리와 그들 : 진핵세포와 원핵세포

세포에는 진핵세포eukaryotic cell와 원핵세포prokaryotic cell라는 매우 다른 두 종류의 세포가 있다. 최초로 진화한 가장 단순한 유형은 원핵세포다. 원핵세포는 항상 단세포 생물이다. 박테리아와 고세균류古細菌類(극한 환경에서도 살아남는 아주 오래된 미생물)가 그 예다. 다른 모든 생명체는 하나 이상의 진핵세포로 이루어져 있다.

원핵세포는 바깥쪽을 둘러싼 세포막(원형질막)이 있고, 단단한 세포벽과 피막이라고 불리는 끈적끈적한 탄수화물 층이 있다. 내부에 막으로 둘러싸인 별도의 구조는 없다. 대신 잡다한 내용물이 세포질 속에서 떠다닌다. 여기에는 유기체와 세포의 기능을 정의하는 모든 유전적 정보를 담고 있는 DNA 고리와 세포가 기능하는 데 필요한 단백질을 합성하는 작은 공장인 리보솜ribosome이 포함된다.

진핵세포는 성능이 강화된 세포다. 진핵세포 내부에는 세포질과 분리하는 막을 가진 조직이 있다. 이런 조직은 세포 기관organelle, 즉 세포 내에서 여러 가지 기능을 수행하는 작은 기관이다. 세포 기관의 종류는 세포의 유형에 따라 다르다. 예를 들어 녹색 식물에는 광합성을 수행하는 엽록체라고 불리는 세포 기관이 있지만, 동물에는 없다(228쪽에 세포 기관에 관한 더 많은 정보가 있다). 세포 기관은 화학 에너지의 저장 및 방출(미토콘드리아), 단백질 합성(소포체), 단백질을 세포 내 적절한 곳으로 보내기(원형질막), 세포의 모든 활동 조절(핵) 등의 일을 수행한다. DNA는 핵에 저장되어 있다.

전형적인 원핵세포

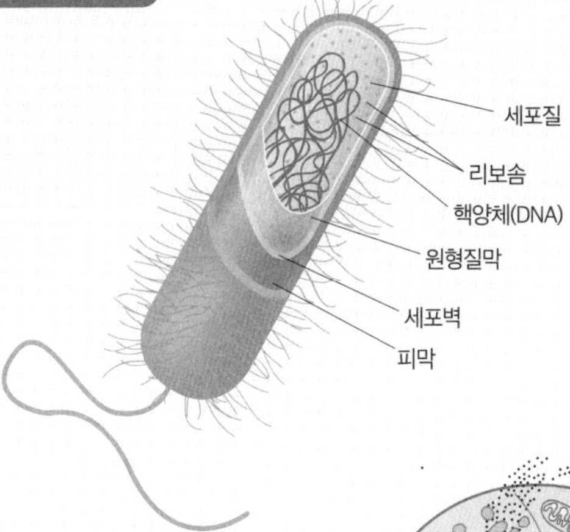

2개의 진핵세포

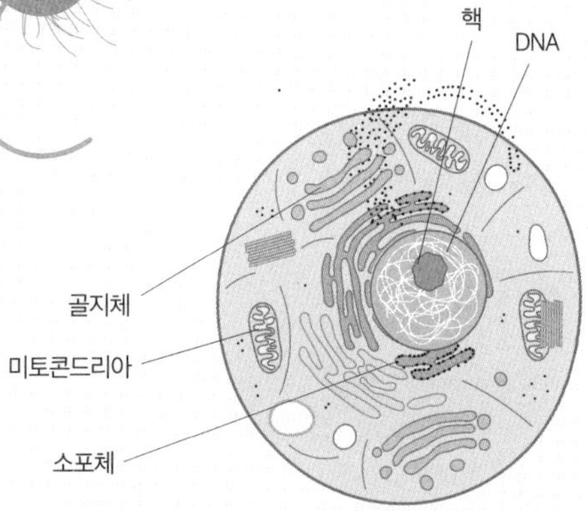

〈전형적인 동물 세포〉

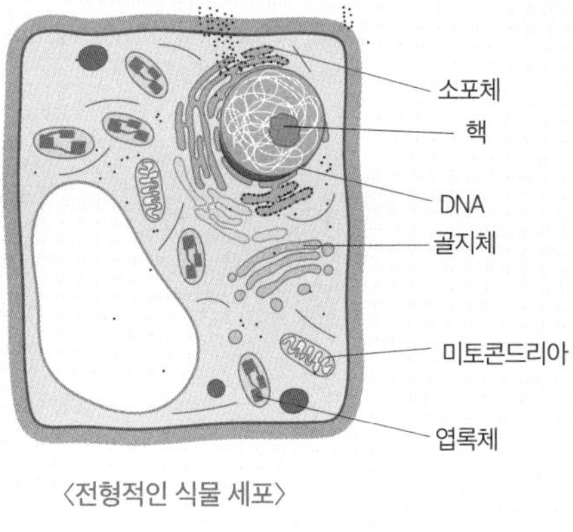

〈전형적인 식물 세포〉

10

원자에서 나오는 에너지
방사능

방사능이 없었다면 우리는 여기에 없었을 것이다. 하지만 1896년까지 아무도 방사능이 존재한다는 사실을 몰랐다. 그해에 프랑스의 화학자 앙투안 앙리 베크렐Antoine Henri Becquerel은 X선을 연구하기 위해 자연 형광 물질을 관찰하고 있었다. 그는 우라늄염이 X선을 낼 수 있는지를 알아내려고 했는데, 그 대신 우라늄의 방사능을 발견했다. 1900년 말까지 알파, 베타, 감마선 등 모두 세 종류의 방사선이 알려졌다.

앙투안 앙리 베크렐.

행복한 사고

베크렐은 황산우라닐칼륨potassium uranyl sulphate 결정체를 햇빛에 노출하는 실험을 하고 있었는데, 이 결정체가 햇빛을 흡수해서 X선을 방출하기를 바라고 있었다. 그는 이 결정체를 한동안 햇빛에 노출한 다음 사진 건판 위에 올려놓고 X선으로 이미지를 현상할 계획이었다. 하지만 그날은 날씨가 흐려서 결정체를 햇빛에 노출하지 않고 검은 천에 싸서 현상되지 않은 사진 건판과 함께 서랍에 넣어두었다. 이 염제가 햇빛을 흡수할 기회가 없었음에도 나중에 사진 건판을 현상했을 때 선명한 이미지를 발견했다. 그는 우라늄염이 자체 에너지를 방출해서 사진 건판의 브로민화 은silver bromide과 상호작용했다고 결론내렸다.

더 많은 방사선

폴란드의 화학자 마리 퀴리Marie Curie는 우라늄을 더 연구해서 토륨thorium이 우라늄과 같은 종류의 광선을 낸다는 사실을 발견했다. 그는 원소의 염제에서 방출하는 방사선의 수준은 원소에 존재하는 우라늄이나 토륨의 양에 따라 달라지는 것을 발견했다. 이를 통해 그는 방사선이 우라늄이나 토륨 원자와 관련이 있고 이 원자들로 이루어진 분자와는 관련이 없다고 결론지었으며, 이는 올바른 추론이었다. 방사선은 화합물이 아니라 원소의 산물이었다. 예상 밖의 일이었다. 화합물의 성질은 보통 화합물을 구성하는 원소의 성질과 상당히 독립적이기 때문이다. 마리는 남편 피에르 퀴리Pierre Curie와 함께 폴로늄polonium과 라듐radium이라고 이름 붙인 두 개의 새로운 방사성 원소를 발견했다.

1898년 어니스트 러더퍼드Ernest Rutherford는 두 가지 다른 종류의 방사선을 확인하고 각각 '알파선'과 '베타선'이라고 이름 지었다. 그가 발견한 첫째 입자는 양전하를 띤 무거운 입자이고, 둘째 입자는 음전하를 띤 훨씬 가벼운 입자였다. 우리는 이제 알파 방사선이 헬륨 원자핵의 흐름이고 베타 방사선은 빠르게 움직이는 전자의 흐름이라는 것을 안다. 프랑스의 화학자 폴 빌라드Paul Villard는 라듐을 연구하다가 마지막 유형의 방사선을 발견했다. 그는 알파 방사선을 막기에 충분히 얇은 납판을 방사선이 통과하게 하면 두 가지 유형의 방사선이 여전히 존재한다는 것을 발견했다. 하나는 자기장에 의해 편향될 수 있는 방사선이고 다른 하나는 자기장의 영향을 받지 않는 방사선으로, 1903년 '감마선'으로 명명되었다.

마리 퀴리.

변화하는 원자

이렇게 다양한 종류의 방사능이 어떻게 작용하는지를 설명하기 위해서는 원자 구조를 이해할 때까지 기다려야 했다. 우리는 이제 알파와 베타는 '입자'라고 하고 감마만 여전히 '선'이라고 부른다. 알파 입자는 헬륨 원자핵과 같으며, 두 개의 양성자와 두 개의 중성자가 함께 묶여 있다. 알파 입자가 우라늄과 같은 방사성 원소의 원자핵을 떠나면 원자는 원자번호가 2만큼 줄어서 바뀌게 된다. 이는 다른 원소가 된다는 것을 의미한다. 많은 방사성 원소가 '붕괴 사슬decay chain'을 거친다. 알파 입자를 잃음으로써 일어나는 초기 붕괴는 다른 불안정한 원자를 생성하고, 이는 또다시 다른 원소로 붕괴한다. 예를 들어 우라늄(원자번호 92)은 토륨(원자번호 90)으로 붕괴

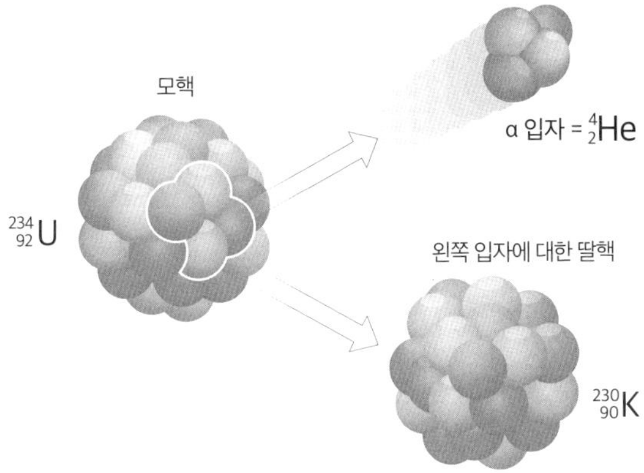

우라늄-234의 방사성 붕괴.

하고, 토륨은 다시 라듐(원자번호 88)으로 붕괴하는 방식으로 연이어 붕괴한다. 덧붙여 말하자면, 방출된 알파 입자는 지구상에서 헬륨의 유일한 천연 공급원이며, 헬륨은 지속해서 보충된다.

베타 입자는 매우 빠르게 움직이는 고에너지 전자 또는 전자와 비슷하지만 양전하를 띤 양전자다. 베타 입자는 핵의 중성자가 양성자로 붕괴하면서 전자와 반중성미자antineutrino를 방출할 때 생성된다.

여기서도 핵의 양성자 수가 바뀌었기 때문에 원자는 다른 원소가 된다. 탄소-14(원자번호 6)가 베타 입자를 잃으면 질소-14(원자번호 7)가 된다. 탄소-14와 질소-14는 각각 탄소와 질소의 동위 원소다. 원소의 모든 원자는 정확한 수의 양성자를 가져야 하지만, 원자의 전체 전하에 영향을 미치지 않는 중성자 수는 다를 수 있다. 원자핵의 총 입자 수(양성자 + 중성자)는 동위 원소에 관해 표시되는 수다. 그래서 탄소-14는 원자핵에 14개의 입자를 가지고 있으며, 그 구성은 6개의 양성자와 8개의 중성자로 구성되어 있다. 질소-14도 핵에 14개의 입자를 가지고 있지만, 중성자 1개가 양성자로 바뀌었기 때문에 7개의 양성자와 7개의 중성자를 가지고 있다.

마지막으로 감마 방사선은 고에너지 광양자의 방출이다. 이는 전자기 스펙트럼의 일부지만, 감마 방사선의 주요 공급원은 원자핵의 방사성 붕괴에서 얻는다. 알파 입자 또는 베타 입자 붕괴 후 원자핵은 고에너지 '여기勵起, excitation' 상태(원자나 분자에 있는 전자가 바닥 상태에 있다가 외부 자극에 의해 일정한 에너지를 흡수해서 보다 높은 에너지로 이동한 상태)에 있으며 종종 감마선 광양자의 형태로 에너지를 방출한다.

세 가지 유형 중 알파 입자는 투과성이 가장 약해서 종이 한 장으로도 막을 수 있다. 베타 입자는 더 멀리 갈 수 있지만, 얇은 금속판에 막힌다. 감마선은 가장 투과성이 강해서 생명체에게 가장 위험하다. 일반적으로 감마선을 막으려면 두꺼운 납이나 콘크리트가 필요하다.

반감기

방사성 붕괴는 무작위로 일어나는 과정이다. 따라서 방사성 원소의 원자가 언제 붕괴할지는 정확하게 예측할 수 없다. 방사성 원소들은 붕괴율이 다르며, 이는 '반감기half-life'로 표현된다. 반감기는 원소 샘플의 절반이 붕괴할 수 있는 간격이다. 반감기는 매우 다양하다. 우라늄-234의 반감기는 24만 5000년이며, 동위 원소인 우라늄-238의 반감기는 45억 년이다. 그런가 하면 토륨-233의 반감기는 24일이고 라돈-218은 0.0035초에 불과하다.

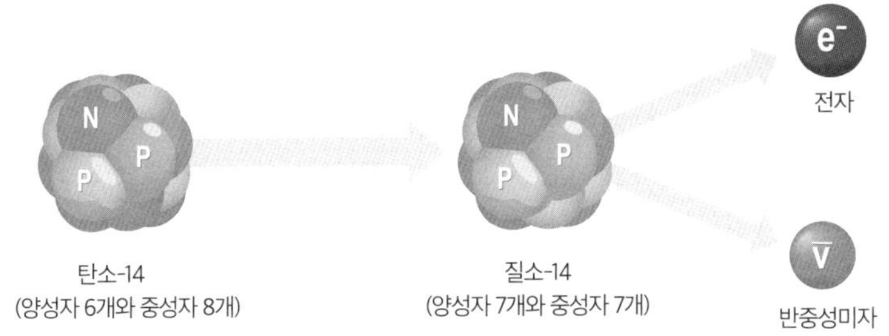

탄소-14의 방사성 붕괴.

11

영원한 반석
오래된 지구

지구는 몇 살일까? 수천 년 동안 계속된 질문이지만, 우리는 지난 세기 동안 정확한 대답을 내놓을 수 없었다. 몇몇 고대 그리스 철학자는 지구 나이가 무한하다고 믿었다. 다른 한편으로 17세기 기독교 사상가들은 천지 창조로부터 그리스도 탄생까지 성경에 명시된 인물들의 나이를 합산해서 지구 나이가 단지 6000년 정도라고 생각했다.

화석이 과거를 넌지시 말해준다

수백 년 동안 사람들은 화석을 발견했지만, 그것들이 종종 땅에서 자란 것으로 생각했다. 17세기에 덴마크의 박물학자 니콜라스 스테노Nicolas Steno는 암석에 존재하는 화석과 암석의 나이 사이에 연관성이 있다는 것을 최초로 깨달았다. 화석이 된 이빨과 지중해에서 잡힌 상어의 이빨이 비슷하다는 사실을 인식한 그는, 화석이 한때 살았던 유기체의 잔해라고 추정했다. 그는 또한 바위들이 매우 오랜 기간에 걸쳐 층층이 퇴적되었다고 주장했다. 최초로 쌓인, 가장 오래된 암석들은 어떤 일로 인해 붕괴하지 않는 한 바닥에 그대로 있다. 화석은 주변의 암석이 퇴적될 때 죽은 유기체에서 나온 것이므로 화석의 상대적인 연대를 제시할 수 있다. 더 오래된 화석들은 더 최근의 화석들

아래에 묻혀 있다.

동물과 암석

더 많은 화석이 발견되고, 그중 일부는 현대의 유기체와 전혀 닮지 않은 사실이 밝혀지면서 지구가 오래되었다는 주장은 더욱 설득력을 얻게 되었다. 19세기 물리학자들은 지구가 오래되었다는 생각을 지지했지만, 일부 학자는 그렇게 오래되지 않았다고 생각했다. 1830년 영국 지질학자 찰스 라이엘Charles Lyell은 지구는 끊임없이 매우 느리게 변화한다고 주장했다. 라이엘은 박물학자 찰스 다윈Charles Darwin에게 큰 영향을 미쳤다. 다윈이 진화론의 개요를 설명했을 때 마찬가지로 유기체가 느리고 꾸준하게 진화한다고 주장했다. 기록된 역사에서 식물과 동물이 변화했다는 증거가 없었기 때문에 이는 현재의 유기체가 가장 단순한 단세포 유기체에서 시작해서 진화하는 데 매우 오랜 시간이 걸렸으리라는 것을 시사했다. 마찬가지로 주위를 둘러볼 때 지질학적 변화는 두드러지지 않았다. 생물학자들과 지질학자들은 물리학자들이 받아들이는 것보다 훨씬 더 지구가 오래되었다고 주장하기 시작했다. 하지만 양쪽 모두 교회가 지지했던 6000년보다는 훨씬 더 오래되었다고 주장했다.

뜨거운 곳에서 차가운 곳으로

물리학자들은 먼저 지구가 녹은 암석으로 시작했다고 가정하고 추정 냉각 속도로 지구 나이를 계산하려고 했다. 1779년 조르주루이 르클레르Georges-Louis Leclerc가 처음으로 계산한 지구 나이는 7만 5000년이었다. 훗날 켈빈Kelvin 경이 되는 윌리엄 톰슨William Thomson은 1862년

지구는 실제로 45억 년 이상 되었다.

에 같은 근거로, 다른 방법으로 계산해서 지구 나이를 2400만 년에서 4억 년 사이로 추정했다. 1897년 그는 지구 나이가 2000만 년에 가깝고 4000만 년을 넘지 않을 것으로 추정했다. 켈빈은 지구가 처음에는 내내 한결같이 뜨거웠는데, 표면의 열이 일정한 속도로 식었다고 생각했다. 실제로 지구는 중심핵이 더 뜨겁고, 맨틀과 중심핵의 대류는 지구 내부에서 열이 이동한다는 것을 뜻한다. 하지만 이는 그의 계산에서 그다지 중요한 문제가 아니었다.

지구 나이를 계산하는 또 다른 방법은 바다가 현재 함유하고 있는 수준의 소금 성분을 축적하는 데 얼마나 오래 걸릴지를 계산하는 것이었다. 이 방법은 소금기가 꾸준히 증가할 것이라는 잘못된 가정에 근거했다. 계산 결과 나이는 8000만 년에서 1억 년 사이로 나타났다. 사실 미네랄은 항상 바닷물을 드나들고, 바다는 매우 오랫동안 같은 염도를 유지하고 있었다.

태양의 수명

찰스 라이엘.

지구 나이를 계산하기 위해 켈빈과 다른 사람들은 또한 태양에 기대를 걸었다. 이들은 만약 태양이 얼마나 오랫동안 열을 생성하는지 알아낼 수 있다면 지구 나이의 상한선을 알 수 있을 것이라고 보았다. 불행하게도 이들은 태양이 어떻게 방사성 에너지를 내는지 모르고, 태양이 형성되는 동안 축적된 중력 위치에너지gravitational potential energy의 잔열을 태양이라고 가정했다. 태양이 활발하게 에너지를 생산하지 않고 서서히 냉각되는 모델에 따르면 태양의 수명은 1억 년 이하다. 따라서 지구 나이는 분명히 그보다 더 적어야 한다.

제 궤도로

1895년 켈빈의 조수 존 페리John Perry는 지구의 온도 기울기temperature gradient가 일정하며, 가운데는 뜨겁고 바깥쪽으로 갈수록 차가워진다는 켈빈의 가정은 타당하지 않다고 지적했다. 페리는 대류하는 맨틀 위에 떠 있는 지각 모형을 사용해서 지구 나이를 20억 년에서 30억 년이라고 제시했다. 이는 지질학자들과 생물학자들이 주장하는 나이 범위와 훨씬 더 잘 일치했지만, 켈빈은 이를 받아들이지 않았다.

더욱 유명한 것은 방사선의 발견으로 지구에 새로운 열원이 생겼다는 것이다. 1903년 방사능 붕괴로 열이 발생한다는 발표는 켈빈의 추정을 더욱 위협하는 도전이 되었다. 방사능이 알려지지 않은 상황에서 그가 방사능을 고려하지 않았다고 비난할 수는 없었다. 사실 방사선은 켈빈의 계산에 별 차이를 만들지 않는다. 지구 나이를 많이 연장하기 위해서는 대류도 고려해야 한다.

영원한 반석, 암석의 나이

방사능의 발견은 다른 방식으로 지구 연대를 측정하는 데 훨씬 더 중요한 의미가 있었다. 암석의 방사성 원자가 붕괴하면서 알파 입자(헬륨 핵)를 방출함으로써 원자핵 구조를 바꾸고 한 원소에서 다른 원소로 바뀐다. 뉴질랜드에서 태어났지만 영국에 살고 있는 물리학자 어니스트 러더퍼드Ernest Rutherford는 아직 남아 있는 방사성 원소의 양과 암석에 갇힌 헬륨의 양을 측정하고 방사성 원소의 반감기를 알면 암석의 나이를 알아낼 수 있다는 사실을 깨달았다. 그는 자신이 가지고 있던 암석의 연대를 4000만 년 전으로 추정하고 지구의 최소 나이를 정했다. 1907년 미국 물리학자 버트럼 볼트우드Bertram Boltwood는 암석들의 연대를 4억 1000만 년에서 22억 년으로 측정했다.

어니스트 러더퍼드.

방사성 연대 측정법이 개선됨에 따라 지구 나이는 현재 수치인 45억 5000만±7000만 년으로 늘었다. 이 연대는 지구의 암석을 조사한 것이 아니라, 초기 태양계에서 지구와 같은 시기에 형성된 유성 암석에서 확인한 것이다.

12

천체를 형성하다
행성 강착

지구가 어디서 왔는지 과학이 설명을 내놓기 전까지 이 문제는 수천 년 동안 신화와 종교에서 다뤄졌다. 대부분 신화는 신이나 다른 초자연적인 존재가 인간에게 적합한 보금자리를 만들어 주는 이야기를 포함한다. 현실은 다소 다르다. 인류는 전적으로 우연히 발생했으며, 결과는 서로 다르지만 다양한 행성이 같은 방식으로 형성되었다.

먼지로부터

지구와 태양계의 다른 행성들은 약 46억 년 전에 초기 태양 주위를 휘감고 도는 가스와 얼음, 먼지의 거대한 구름으로부터 형성되었다. 구름 중심부의 가스가 증가하는 중력으로 인해 붕괴하면서 새로운 별을 형성하는 동안 고체 물질의 미립자들이 우주로 멀리 뻗은 원반 안에서 궤도를 돌았다. 이런 구름은 우주의 다른 곳에서 형성되는 다른 새로운 별들 주위에서도 발견되며 '원시 행성계 원반protoplanetary disk(새로 탄생한 별 주위를 둘러싸고 있는 가스, 먼지 등으로 이루어진 회전 원반)'으로 불린다. 원반 안의 입자들은 다양한 종류의 먼지와 얼음 알갱이였다. 어떤 것들은 이전의 항성계가 우주 공간으로 유출한 잔해였고, 다른 것들은 다른 별들의 대기에서 형성되어 우주 공간으로 밀려난 것들이었다.

모든 먼지와 얼음, 가스는 자라나는 태양 주위를 같은 방향으로 돌았다. 입자들이 충돌하면서 때때로 튕겨져 나가거나 때로는 서로 엉겨 붙어 큰 입자로 자라났다. 입자들이 자라나면서 그 중력으로 더 많은 먼지와 알갱이를 끌어들였고, 그래서 이 입자들은 '강착降着, accretion(어떤 천체가 중력 작용으로 가스 등의 물질을 흡수해서 강착 원반을 만드는 과정)'이라고 불리는 과정에서 더 커졌다. 이 입자 덩어리들은 계속 나아가면서 이들 궤도에 남아 있는 먼지와 다른 큰 덩어리들을 남김없이 흡수했다.

공전과 자전

물질을 흡수하면서 덩어리의 질량이 증가함에 따라 중력이 모든 것을 중심 쪽으로 끌어당겼다. 중력이 표면의 모든 부분에 균일하게 작용하면서, 자라나는 행성들은 천천히 둥글어졌고 마침내 구형에 가까워졌다. 각 행성은 태양 주위를 돌면서 동시에 자전하고 있었다. 모인 각각의 입자가 질량과 각운동량을 자라나는 물질 덩어리로 전달해서 계속 회전하게 한다.

처음에는 각 행성의 자전축이 원시 행성계 원반의 회전면에 수직이었을 것이다. 하지만 일부 행성들은 충돌로 인해 기울어졌다. 충돌로 인해 달이 형성되고 지구의 자전축은 수직에서 벗어나 22~24.5° 기울었다. 천왕성은 자전축이 수직에서 98° 각도로 옆으로 누웠다. 금성은 다른 행성들과 반대 방향으로 회전하는 유일한 행성이다. 금성은 충돌로 180° 회전했을 수도 있고, 아니면 완전히 회전을 멈췄다가 다시 회전하기 시작했을 때 반대 방향으로 돌았을 수도 있다.

원시 행성계 원반에서 생성되는 행성.

얼음인가 암석인가?

우리 태양계에는 행성으로 불릴 만큼 큰 8개의 천체가 있다. 행성의 자격을 얻기 위해서는 천체가 자체 중력에 의해 둥글고, 다른 행성이 아니라 태양 주위를 돌고, 자기 궤도상의 먼지나 다른 파편들을 제거할 수 있을 정도로 커야 한다. 이 8개 행성 중 태양에 가장 가까운 수성, 금성, 지구, 화성은 암석 행성이다. 바깥쪽 4개는 대부분 지구상에서 기체 상태로 존재하는 원소들로 이루어져 있다. 암석 행성들이 태양과 가장 가까이 있는 이유는 암석이 어떤 기체보다도 녹는점과 어는점이 훨씬 높고, 심지어 태양에 아주 가까운 곳에서도 암석 입자들은 고체이기 때문이다. 화성과 목성 사이의 동결 한계선frost line 너머에서만 가스가 얼어서 얼음 입자가 된다. 얼음 입자는 암석 입자와 같은 방식으로 행성에 흡수될 수 있다. 암석 행성들은 원래 암석과

우주 공간에서 왔다

원시 행성계 원반의 모든 물질이 행성으로 형성된 것은 아니다. 운석은 원시 행성계 원반에서 나온 물질을 포함하고 있는데, 이 물질들은 덩어리로 굳어졌지만, 더 몸집을 불려 행성의 일부가 되지는 못했다. 운석은 원래 지구를 형성했던 물질들에 대한 좋은 통찰력을 준다. 지구상의 물질과 달리 운석의 암석은 풍화, 재순환 등 수십억 년의 변화를 겪지 않았고 여전히 원래의 형태에 가깝다. 태양계의 다른 암석 행성과 소행성을 방문하는 탐사선(로봇 우주선)은 지구의 아주 초기 역사에 대해 더 많은 것을 발견할 수 있다. 이 행성들 역시 지구와 거의 같은 물질들로 이루어졌기 때문이다.

나미비아에 떨어진 호바Hoba 운석은 무게가 약 60톤으로 지구상에서 가장 큰 것으로 알려진 온전한 운석이다. 이것은 8만 년 전에 지구로 떨어졌을 것으로 추정된다.

금속 먼지 입자에 달라붙어 있던 가스를 가지고 있지만, 주로 다양한 얼음 조각들로 이루어진 행성들보다 그 비중은 훨씬 낮다.

중심부는 뜨겁다

중력은 질량이 있는 물체들 사이에서 작용하며, 물체의 질량이 클수록 더 큰 중력을 발휘한다. 새로 형성된 지구에서 중력이 물질을 안쪽으로 끌어당김으로 인해 중심부 압력이 증가하면서 성장하는 지구 온도가 상승했다. 온도가 상승하면서 지구의 많은 부분이 녹게 되었고, 물질이 분화하기 시작했다. 가장 무거운 물질은 지구 중심부로 가라앉고, 가벼운 물질은 표면 가까이에 남게 되었다. 철 입자가 녹아 무거운 액체가 바위 입자 사이로 흘러내렸다. 철이 중심부에 모여 지구 핵을 형성했는데, 지구 핵은 지금도 대부분 철로 이루어져 있다. 이 철 덩어리는 대류했다. 차갑고 무거운 철이 중심부 쪽으로 가라앉으면서 중심에 가장 가까운 가장 뜨거운 철은 온도가 상승했다. 녹은 철이 대류작용을 하면서 자기장이 생겼고, 지구에는 아직도 자기장이 존재한다.

달의 형성

강착 현상이 달의 형성 과정에서 다시 일어났다. 태양계가 형성된 지 6000만 년에서 2억 년이 지난 후, 지구는 형성된 지 얼마 되지 않아 다른 행성과 충돌했다. 화성 크기만 하고 테이아Theia로 불리는 이 행

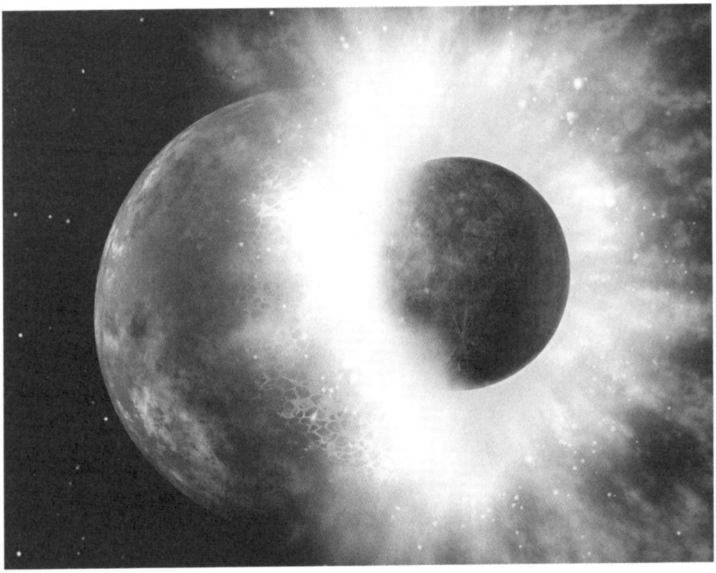

테이아Theia가 지구와 충돌한다.

성은 지구와 강하게 충돌해서 완전히 파괴되었고, 지구의 많은 부분이 증발하거나 우주로 내던져졌다. 충돌로 인한 증기가 차가운 우주 공간에서 응축되었다. 일부는 지구로 다시 떨어져 지구와 재결합했지만, 대개는 작은 입자들처럼 궤도를 돌면서 우주 공간에 남아 있었다. 이것들이 서로 충돌하고 결합해서 달을 형성했다.

13

가장 작은 생명체
미생물

이제 우리는 너무 작아서 맨눈으로 볼 수 없는 유기체가 있다는 사실에 너무나 익숙하다. 그래서 그들의 존재를 모른다는 것은 상상하기 어렵다. 하지만 현미경을 발명한 1590년대로 돌아가면 대부분 이 개념은 완전히 낯설었을 것이다.

우리가 볼 수 없는 작은 생물체들이 있고, 이것들이 대혼란을 일으킬 수 있다는 몇몇 제안이 있었다. 로마 학자 마르쿠스 바로Marcus Varro는 2000년 전 농업에 관한 책에서 "눈으로 볼 수 없는 어떤 미세한 생물들이 공중에 떠다니며 입과 코를 통해 몸에 들어가 심각한 질병을 유발하기 때문에" 늪 근처에 농장을 세우는 것은 현명하지 못하다고 썼다.

초점을 맞추다

처음에는 로버트 훅이, 그다음에는 안톤 판 레이우엔훅Antonie van Leeuwenhoek이 현미경으로 미생물을 보았을 때 미생물은 더 이상 추측의 대상이 아니라 실제가 되었다. 훅은 1665년 자신의 책 《마이크

안톤 판 레이우엔훅.

로그라피아》에서 최초로 미생물 그림을 출판했는데, 극미균極微菌, microfungus 또는 털곰팡이mucor라는 미생물이었다. 몇 년 후 배율이 훨씬 더 큰 현미경을 만든 레이우엔훅은 더 많은 미생물 종류를 발견했다. 1676년에 그는 상당한 수의 박테리아를 발견했다. 그는 후추물 한 방울에서 너무나 많은 바이러스를 발견하고 "믿을 수 없었다"라고 썼다. 하지만 그것은 사실이었고, 다음 해에 로버트 훅이 확인했다. 레이우엔훅이 로버트 훅에게 자기가 발견한 것을 편지로 알렸던 것이다.

> "매우 놀랍게도 나는 레이우엔훅이 설명한 이 엄청난 수의 작은 생물체를 발견했다. 이들 중 일부는 너무 작아서 물 한 방울에 수백만 마리가 있을 수 있다."
>
> — 로버트 훅

레이우엔훅은 박테리아뿐만 아니라 원생동물과 효모, 그리고 다른 세포들의 숙주들도 보았다. 원생동물은 단세포 생물이며, 많은 원생동물이 이동할 수 있다. 원생동물에는 아메바와 레이우엔훅이 최초로 묘사한 종벌레vorticella도 포함된다.

아무것도 없는 데서 뭔가가 나온다고?

처음에 사람들은 미생물들이 아무것도 없는 데서 나오고, 오래된 음식이나 퇴비 등에서 미생물이 자연적으로 나타난다고 생각했다. 이제 자연 발생spontaneous generation으로 명명된 이 개념은 조건이 맞으면 무생물에서 유기체가 생긴다는 것이었다. 사람들은 미생물보다 더 큰 벌레나 구더기, 벌, 심지어 전갈과 쥐가 자연적으로 나타나는 것으로 여겼다. 심지어 요하네스 밥티스타 판 헬몬트Johannes Baptista van Helmont 같은 이는 17세기에 '더러운 누더기나 오래된 리넨 셔츠를 약간의 밀이나 밀기울이 든 통에 넣어두면 21일 후에 쥐가 나온다'라는 쥐 만드는 방법을 발표했다.

처음으로 자연 발생설에 이의를 제기한 사람은 1668년 이탈리아 의사 프란체스코 레디Francesco Redi였다. 그는 부패한 고기에서 파리가 자연적으로 나타나는지 알아보기 위해 아마도 최초로 변수를 통제한 실험을 했다. 그는 목이 넓은 병 3세트에 신선한 고기를 넣었다. 한 세트는 열린 채로 놔두고 한 세트는 뚜껑을 단단히 닫았다. 마지막 세트는 입구를 거즈로 덮은 다음 기다리며 지켜보았다. 열린 병에

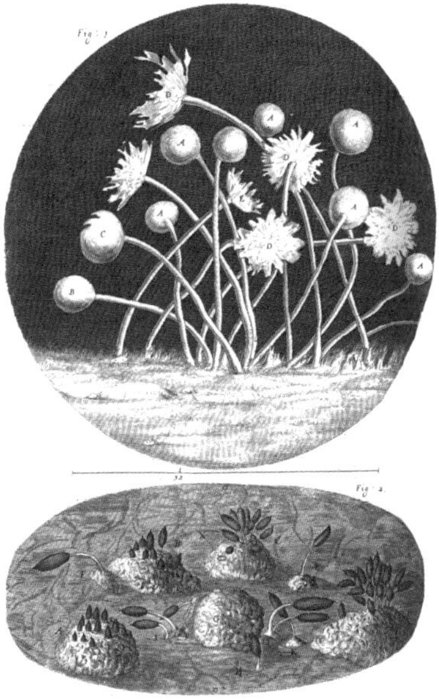

훅의 털곰팡이.

프란체스코 레디의 실험.

파리가 앉더니 나중에 구더기가 나타났고, 그 후 고기 주변에 더 많은 파리가 보였다. 밀폐된 병 속에는 파리가 찾아오지 않았고 구더기나 파리도 나타나지 않았다. 마지막 세트에서 파리들이 거즈 위에 알을 낳았지만, 구더기가 고기에 접근할 수 없었기 때문에 병 속에는 파리가 나타나지 않았다. 이 실험 결과는 파리가 고기에서 직접 나타나지 않고, 다른 파리에서만 온다는 결정적인 증거로 받아들여졌다.

파리는 적어도 미생물과 비교할 때 상대적으로 크고 복잡하다. 미생물이 무생물로부터 자연적으로 생성될 수 있다는 생각은 대부분 사람에게 여전히 그럴듯하고, 심지어 가능성이 있는 것으로 보였다. 일반적으로 사람들은 공기를 포함한 모든 무기물에 '생명력'이 존재하며, 따라서 무생물에서 생명체가 만들어질 수 있다고 여겼다.

수프와 더 많은 수프

1745년에서 1748년 사이 아일랜드 성직자 조지프 니덤Joseph Needham은 공기 중에 노출된 육수와 심지어는 잠시 끓여 플라스크에 넣고 코르크 마개로 밀봉한 육수에서도 미생물이 자라는 것을 발견했다. 20년 후 이탈리아의 생물학자 라차로 스팔란차니Lazzaro Spallanzani는 더 엄격한 실험을 했다. 그는 한 시간 동안 수프가 든 플라스크를 끓인 후에 유리를 녹여서 입구를 밀봉했다. 어떤 플라스크는 단지 몇 분 동안만 끓이고 밀봉했다. 그런 다음 몇 개의 플라스크를 한 시간 동안 끓이고 코르크 마개로 닫았다. 단지 몇 분 동안만 끓였던 플라스크는 곧 미생물이 자라났다. 하지만 한 시간 동안 끓인 플라스크는 맑게 유지되었다. 니덤은 이에 대해 스팔란차니가 플라스크를 오랫동안 끓이고 밀봉함으로써 '생명력'을 죽였기 때문에 새로운 생명력이 들어갈 수 없었다고 대답했다.

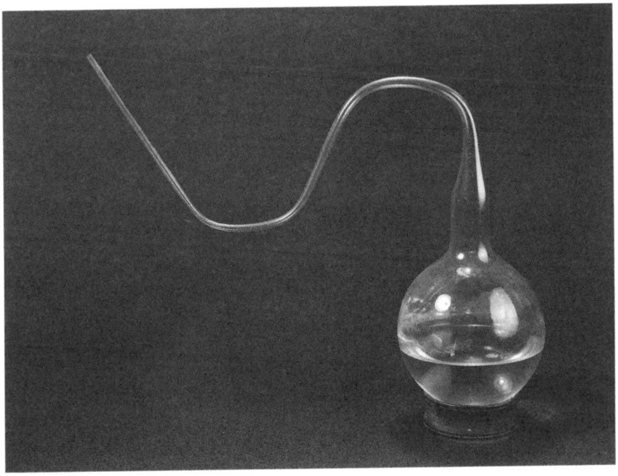

파스퇴르의 백조 목 모양 플라스크 구조로 인해 미생물이 플라스크 속 내용물에 도달하지 못했다.

이 사례는 1864년 루이 파스퇴르Louis Pasteur에 의해 마침내 해결되었다. 파리 과학 아카데미Paris Academy of Sciences의 시상 제안에 응해서 그는 끓인 육수가 담긴 플라스크에 미생물이 아닌 공기를 넣는 방법을 고안했다. 이렇게 함으로써 만약 어떤 '생명력'이 존재한다면 반응이 일어날 것이었다. 그는 백조 목 모양 플라스크에 액체를 끓였다. 그런 다음 일부 플라스크의 목을 부러뜨려서 공기가 들어가게 했다. 이 플라스크에 담긴 액체는 곧 상했다. 다른 플라스크들은 백조 목을 손대지 않고 그대로 두거나 면포로 막았다. 이런 플라스크들 안의 액체는 순수한 상태로 남아 있었다. 미생물들은 천에 걸리거나 백조 목의 가장 낮은 굴곡 부위에서 다시 올라오지 못하고 바닥에 모였다. 마침내 미생물조차도 자연적으로 발생하지 않는다는 것이 증명되었다.

> "이 단순한 실험의 치명타로부터 자연 발생설의 교리는 결코 회복되지 않을 것이다. 미세한 존재들이 세균이나 자신과 닮은 모체 없이 세상에 나왔다는 사실을 확인할 수 있는 정황은 어디에도 없다."
>
> — 루이 파스퇴르

14

질병이 퍼지는 원인은 무엇일까?

세균설

병은 병원체(세균)에 의한 병과 몸이 어떤 식으로든 잘못되어 생기는 병으로 나눌 수 있다. 암이나 심장병 같은 병은 다른 사람에게서 전염되는 병이 아니다. 하지만 독감, 홍역, 소아마비 같은 전염성 질환은 사람 사이에서 전염될 수 있는 세균에 의해 발생한다. 이는 꽤 최근에 알게 된 사실이다.

나쁜 공기와 나쁜 체액

건강과 질병에 대한 초기 모델은 신체가 네 가지 체액(서양 의학의 경우) 또는 균형 잡힌 형태의 에너지(동양 의학의 경우)로 구성되어 있다는 것이다. 이런 것들이 균형을 잃게 되면 병에 걸리고 보았다. 치료 수단은 균형을 회복하는 것으로 여겼다. 하지만 이런 모델은 개별적인 문제들을 어떻게 설명하는지는 쉽게 알 수 있지만, 전염병의 경우에는 그다지 타당하지 않았다. 전염은 종종 '나쁜 공기' 혹은 '독기毒氣, miasma'의 결과로 설명했다. 말라리아는 심지어 '나쁜 공기'를 의미하기도 한다. 나쁜 공기는 축축한 지역에서 초목과 기타 물질들이 썩어서 나오는 것으로 추정했다. 악취가 나는 공기는 질병을 일으키는 썩은 물질의 작은 입자들로 가득하다고 여겼다. 많은 사람이 동시에

병에 걸린 이유를 가까운 곳에 사는 사람들이 같은 공기를 마셨기 때문이라고 설명했다.

산업혁명으로 도시들이 발달함에 따라 사람들은 종종 비좁고 비위생적인 환경에서 살았다. 런던의 템스강과 파리의 센강은 썩은 쓰레기로 가득 찼고, 강 근처에서 질병이 계속되는 현상이 독기 모델을 뒷받침하는 것처럼 보였다. 콜레라와 같은 질병은 빠르게 퍼졌고 종종 이것이 낮은 대기질 때문이라고 여겼다. 19세기 도시의 대기질은 매우 낮았고 건강상의 많은 문제를 일으켰다. 하지만 보통 오염된 식수를 통해 유입되는 박테리아에 의해 발생하는 콜레라의 원인은 아니었다. 나쁜 공기를 질병의 원인으로 추정한 예방 조치에는 종종 더 나은 위생 설비와 위생 조치가 포함되므로 발병률을 낮췄다. 이런 조치는 박테리아와 바이러스의 부하를 줄여 감염을 줄였지만, 질병이 나쁜 공기에 의한 것이라는 생각을 강화했다.

콜레라 퇴치

1854년 런던에서 존 스노John Snow가 콜레라 발생 원인을 특정 양수기로 추적할 수 있다는 사실을 발견함으로써 독기 모델은 도전을 받았다. 양수기 물이 하수로 오염되었고, 그 물을 마신 사람들이 콜레라 박테리아를 흡입했다. 양수기를 폐쇄함으로써 콜레라 환자가 감소했다. 같은 해 이탈리아 해부학자 필리포 파치니Filippo Pacini가 이 질병을 일으키는 콜레라균을 발견했지만, 독기 모델이 너무나 확고하게 뿌리

파치니의 콜레라를 확인하는 슬라이드.

를 내리고 있었기 때문에 이 중대한 발견은 아무런 영향도 미치지 못했다. 파치니는 이탈리아 피렌체에서 유행하던 콜레라로 사망한 환자들을 부검했고, 그들의 내장에서 현미경으로만 볼 수 있는 쉼표 모양의 박테리아를 발견했다.

코흐의 세균설

1890년 독일의 미생물학자 로베르트 코흐Robert Koch는 탄저병을 연구하면서 박테리아와 질병 사이의 연관성을 확고하게 정립했다. 그는 탄저병을 앓고 있는 소의 혈액에서 막대 모양의 박테리아를 발견하고 분리해 쥐에게 감염시켰다. 쥐들이 탄저병에 걸렸을 때 그는 특정 질병의 원인을 찾았다고 자신 있게 주장할 수 있었다. 그는 박테리아와 질병 사이의 인과관계를 확립하는 '코흐의 가설'로 알려진 다음의 네 가지 주장을 내놓았다.

- 박테리아는 모든 질병 사례에 존재하지만, 건강한 유기체에는 존재하지 않는다.
- 병에 걸린 숙주에서 분리한 박테리아는 순수 배양에서 자란다.
- 박테리아를 주입한 건강한 숙주는 같은 질병에 걸린다.
- 감염된 숙주에서 같은 박테리아를 찾아낼 수 있다.

필리포 파치니.

코흐는 세계가 파치니의 발견을 무시한

후 재발견된 결핵, 탄저병, 콜레라의 원인으로 작용한 박테리아를 확인했다.

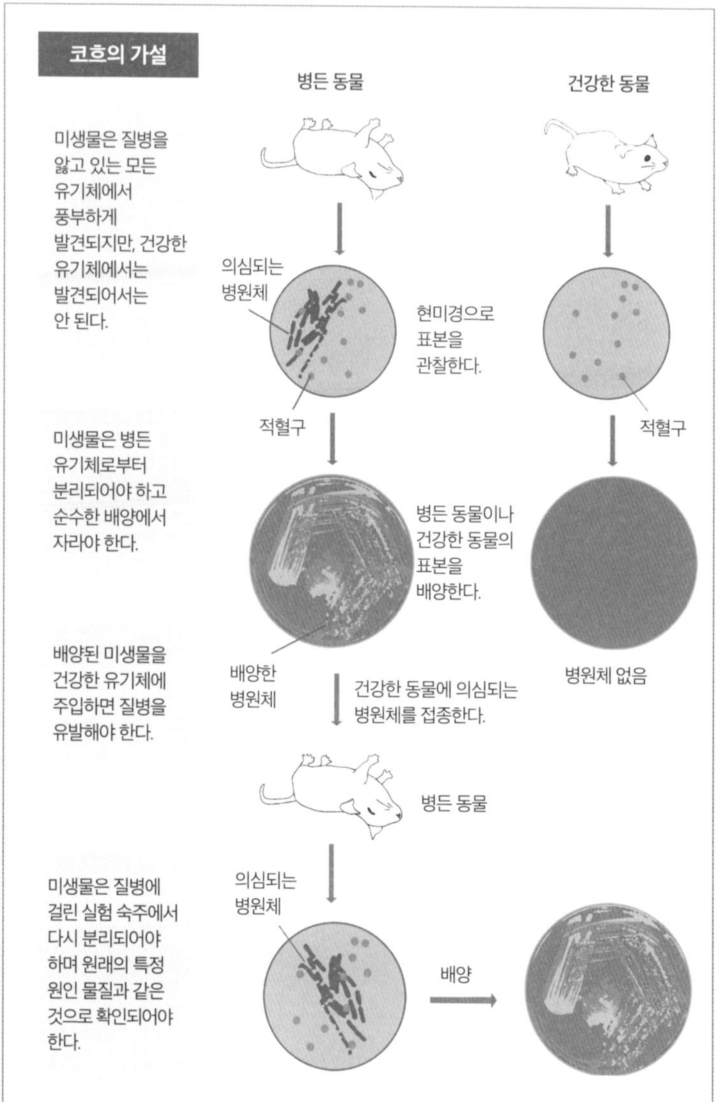

박테리아를 넘어서

코흐는 박테리아를 분리하고 식별할 수 있었고 병원체로서 박테리아의 역할을 확립할 수 있었지만, 어떤 전염병들은 이런 연구 방식을 벗어났다. 루이 파스퇴르가 연구하고 백신을 만든 광견병이 한 예다. 이 경우에는 박테리아를 분리할 수 없다는 것이 증명되었고, 파스퇴르는 박테리아보다 작은 질병 매개체의 가능성을 생각했다. 광견병은 바이러스에 의해 발생하며, 바이러스는 박테리아보다 훨씬 작다. 19세기 파스퇴르와 코흐가 이용할 수 있는 현미경으로 보기에는 바이러스가 너무 작다.

1892년에 러시아의 미생물학자 드미트리 이바노프스키Dmitry Ivanovsky는 담배 식물에 영향을 미치는 담배 모자이크병을 연구했다. 그는 감염된 잎에서 수액을 채취해 자기磁器 필터를 통과시키면 그 액체가 건강한 잎을 감염시킬 수 있다는 것을 발견했다. 자기 필터에는 박테리아가 통과할 수 없을 정도로 미세한 구멍이 있어서, 이 실험은 담배 모자이크병이 박테리아에 의한 것이 아님을 증명했다. 이바노프스키는 자신의 실험 결과를 완전히 이해하지는 못한 것으로 보인다. 그는 이 질병이 박테리아가 만들어 내는 독소에 의해 발생할 수도 있다고 제안했기 때문이다.

네덜란드의 미생물학자 마르티누스 베이예링크Martinus Beijerinck의 발견으로 추가 연구가 이루어졌다. 1898년 그는 그가 발견한 것을 "액체에 용해되며, 전염을 일으킬 수 있는 살아 있는 세균"이라고 말했다. 놀랍게도 이들의 복제는 감염된 숙주 유기체의 신진대사와 밀접한 관련이 있었다. 이는 세균설과 맞지 않았기 때문에 즉시 호응을 얻지는 못했다. 우리는 이제 바이러스가 숙주 세포에서만 번식할

로베르트 코흐.

수 있다는 것을 안다. 바이러스는 숙주 세포의 생식 메커니즘과 자원을 가로채서 자기 복제한다. 바이러스 입자는 숙주 세포 밖으로 나가거나 터져서 더 많은 세포를 감염시킨다.

바이러스는 박테리아와 같은 방식으로 행동하지 않고, 숙주 밖에서 번식할 수 없으므로 코흐의 가설과는 맞지 않았다. 바이러스는 새로운 숙주를 감염시키기 위해 배양기에서 배양할 수 없었다. 그래도 바이러스에 감염된 액체는 새로운 숙주에게서 같은 질병을 일으켰고, 더 많은 전염성 액체를 추출할 수 있었다. 베이예링크는 바이러스가 액체라고 주장했지만, 1898년 미국 생화학자 웬들 메러디스 스탠리Wendell Meredith Stanley는 바이러스가 입자라는 것을 보여주었다. 담배 모자이크 바이러스의 입자들은 1935년에 마침내 분리되었다.

15

대폭발로 시작하다

빅뱅

우주는 약 137억 7000만 년 전에 아주 작은 점으로 시작해서 물질과 시공간으로 폭발했다는 것이 현재 널리 받아들여지고 있다. 이것이 빅뱅 이론이다. 하지만 이 이론은 겨우 100년 정도밖에 되지 않았다.

어렴풋한 시작

궁극적으로 빅뱅 이론으로 이어진 연구는 1758년 프랑스 천문학자 샤를 메시에Charles Messier에 의해 시작되었다. 그는 밤하늘에 구름처럼 보이는 희미한 빛 조각인 '성운nebula' 목록을 만들었다(nebula는 '구름'을 뜻하는 라틴어다). 그가 성운 목록을 만든 의도는 혜성 탐구를 위해서였다. 알려진 이 희미한 빛 조각의 목록이 혜성일 가능성이 있는 새로운 천체를 더 쉽게 발견할 수 있게 해줄 것으로 믿었기 때문이다. 그는 일생 동안 이 목록에 새로운 성운을 추가했고, 1817년 그가 사망할 무렵에는 목록의 성운이 103개에 이르렀다. 현재 110개의 '메시에 천체Messier object'가 있다. 여기에는 초신성 폭발의 잔해, 성단, 그리고 다른 은하들이 포함된다.

우주에는 얼마나 많은 은하가 있을까?

20세기 들어서 메시에 천체 중 일부가 당대의 위대한 천문학자들의 관심을 끌었다. 1920년 할로 섀플리Harlow Shapley와 히버 커티스Heber Curtis는 우주의 크기에 관한 공개 토론회를 열었다. 당시 대부분 사람은 우리 태양계가 있는 은하계인 은하수가 우주 전체라고 생각했다. 섀플리는 이 견해를 지지하면서 우리은하가 매우 크고 태양계가 은하 중심 근처에 있지 않다고 주장했다. 반면에 커티스는 태양계가 중심이 되는 훨씬 작은 은하수를 주장했지만, 은하수 밖에 많은 '섬우주(은하)'가 존재한다고 주장했다. 공교롭게도 우리은하가 매우 크고 태양계가 중심이 아니라는 주장은 섀플리가 옳았지만, 다른 은하의 존재에 대해서는 커티스가 옳았다. 이 논쟁은 합의에 이르지 못했지만 3년 후 에드윈 허블Edwin Hubble이 해답을 내놨다.

성능이 더 뛰어난 망원경 덕분에 흐릿하게 보이던 안드로메다Andromeda 성운의 나선형 모양이 드러났다. 1923년 허블은 안드로

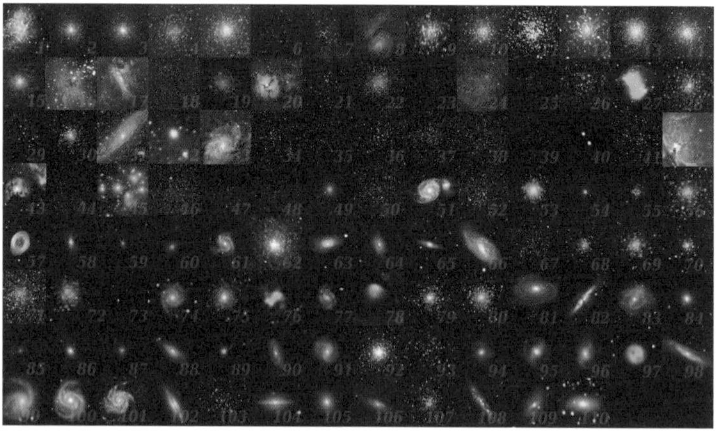

메시에 천체 사진.

메다 성운의 별들을 볼 수 있었다. 그는 헨리에타 스완 레빗Henrietta Swan Leavitt이 개발하고 1912년에 발표한 방법을 사용해서 이 별들이 얼마나 멀리 떨어져 있는지를 알아냈는데 그 결과는 놀라웠다. 허블은 안드로메다에서 볼 수 있는 별들이 90만 광년 떨어져 있다고 계산했다(실제로 이 별들은 더 멀리 250만 광년 떨어져 있다). 은하수의 최대 추정 크기보다 훨씬 더 멀기 때문에 이 별들은 결국 '섬 우주'에 놓여 있음이 분명하다.

점점 가까이, 점점 멀리

만약 안드로메다은하가 지구에 대해 그냥 정지해 있었다면 우리는 더 많은 사실을 알아내지 못했을 것이다. 하지만 1914년 미국의 천문학자 베스토 슬라이퍼Vesto Slipher가 대부분 성운이 지구에서 멀어지고 있다는 그의 발견을 발표했다. 그는 각 천체의 적색편이redshift 또는 청색편이blueshift를 계산했다. 이것은 멀리 있는 물체가 관찰자로부터 멀어지거나(빨간색) 관찰자 쪽으로 이동하는(파란색) 결과, 스펙트럼의 파란색 또는 빨간색 쪽으로 이동하는 양을 말한다. 또한 사이렌 소리가 우리에게 다가오고 우리를 지나서 멀리 사라질 때 달라지는 도플러 효과Doppler effect와 비슷하다. 두 물체 사이의 공간이 멀어지면 물체 사이를 통과하는 빛은 파장이 길어지기 때문에 더 붉어진다.

점에서 점들로

1927년 벨기에의 신부이자 천문학자인 조르주 르메트르Georges Lemaître는 허블이 계산한 은하계 너머 별까지의 거리와 슬라이퍼

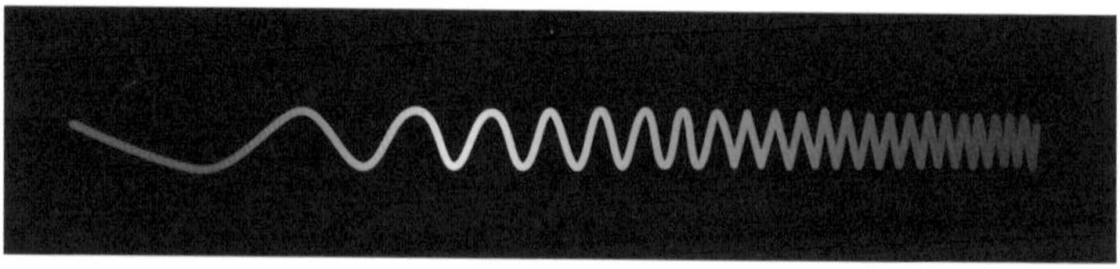

우주 팽창으로 적색편이된 빛.

의 적색편이와 청색편이 천체에 관한 연구를 종합했다. 그는 가장 먼 물체들이 가장 빠른 속도로 우리로부터 멀어져 가고 있다는 사실을 발견했다. 르메트르는 이것이 우주가 팽창하고 있음을 의미한다는 것을 깨달았다. 만약 우주가 항상 팽창해 왔다면 이전에는 훨씬 더 작았을 것이고 원래는 지극히 작았을 것이라고 추론했다. 그는 이 최초의 지극히 작은 반점을 '태고의 원자primeval atom'라고 불렀고, 이것이 현재 우주 만물의 기원이라고 선언했다. 우주의 기본 물질과 에너지는 순식간에 생겨났고 그 이후로 계속 진화하고 퍼져 나갔다. 이 이론은 현재 '빅뱅Big Bang' 이론으로 불리고 있는데, 이는 1949년 영국 천문학자 프레드 호일Fred Hoyle이 우주 팽창 이론을 조롱하기 위해 처음 사용한 이름이다.

138억 년 역사

지극히 작고 지극히 밀도가 높은 점에서 현재의 우주 상태로 되기 위해서는 많은 일이 일어나야 했다. 현재의 생각은 우주가 빅뱅 직후 1초 미만의 극히 짧은 시간 지속된 '우주 팽창cosmic inflation'의 시기로부터 시작되었다는 것이다. 이 시기가 끝날 무렵 우주는 원자보다 훨씬 작은 크기에서 자몽 크기로 원래 크기의 10^{26}배(1에 0이 26개 붙음) 증가했다. 최초의 1초가 끝날 무렵에는 전자, 보스 입자

boson, 중성미자neutrino, 중성자, 양성자(수소 핵)가 존재했다. 20분 후 중성자와 양성자가 결합해서 헬륨과 리튬 핵을 만들었다. 하지만 이 핵들이 전자를 포획해서 원자가 되기까지는 거의 30만 년이 걸렸을 것이다. 이 시점에 우주는 투명해졌다. 광양자(작은 빛 에너지 입자)가 전자와 다른 입자들의 수프 같은 혼합물로부터 분리되어 우주를 자유롭게 흐를 수 있게 되었기 때문이다. 이 첫 번째 에너지의 번쩍이는 빛을 아직도 우주 마이크로파 배경 복사CMBR, cosmic microwave background radiation로 감지할 수 있다. 하지만 광자가 자유롭게 움직일 수 있어도 볼 것이 없었다. 최초의 별이 나타나 빛을 쏟아내기 시작하는 데는 적어도 1억 년이 걸렸다.

조르주 르메트르.

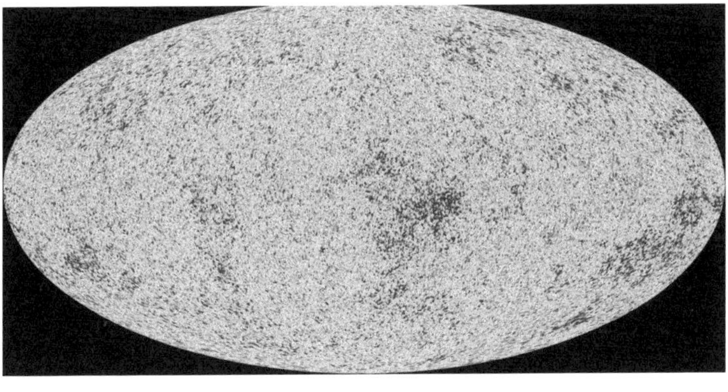
우주 마이크로파 배경 복사 지도는 우주의 밀도가 고르지 않다는 것을 보여준다.

대폭발의 반향

빅뱅의 희미한 반향은 우주 전역에서 오는 마이크로파 복사로 감지할 수 있다. 이 마이크로파 복사는 광양자가 자유롭게 움직이기 시작했을 때 오렌지빛으로 나타났고 그 이후로 에너지를 잃어가고 있다. 에너지를 잃으면서 파장은 더 길어져서 이제 전자기 스펙트럼의 마이크로파 영역에 있다. 이것의 존재는 1948년에 처음 제안되었고 1964년에 감지되었다. 이는 빅뱅의 중요한 증거로 여겨진다.

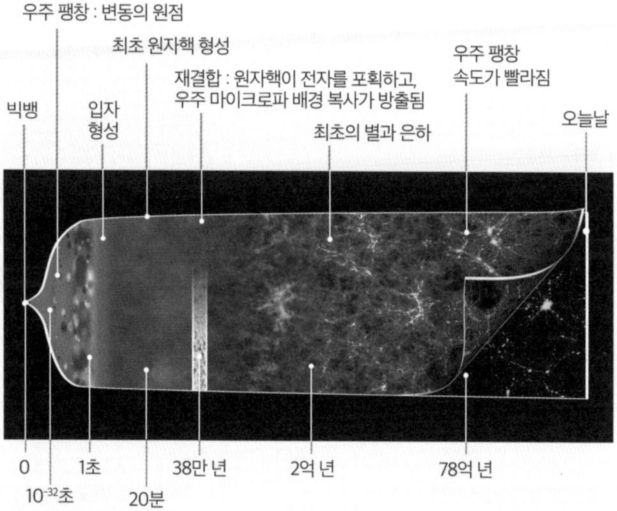

우주 역사의 시간표.

16

입자일까 파동일까?
빛을 조명하다

사람들은 오래전에 빛의 본질을 생각하기 시작했다. 광학을 연구하는 초기 사상가들과 과학자들은 시각vision이 어떻게 일어나는지, 빛의 속도가 유한한지 무한한지, 그리고 빛의 본질이광선인지 입자인지 등에 몰두했다.

빛을 들여다보다

빛이 직선으로 이동하는 일종의 광선이라는 개념은 2000년 전에 제안되었고, 고대 그리스 수학자 유클리드Euclid(기원전 325~265)와 헤론Hero of Alexander(서기 10~70)이 했던 연구의 핵심을 이루었다. 헤론은 거울 속 이미지는 거울에 비치는 물체가 거울 앞의 거리만큼 거울 뒤에 있는 것처럼 보인다는 것을 알아냈다. 이 말은 맞지만, 우리 눈에서 내뿜는 광선이 세상의 물체에 반사되어 되돌아와서 우리가 볼 수 있다는 시각에 대한 그의 설명은 잘못된 것이었다. 이 '방사extramission' 시각 이론은 수백 년 동안 지배적이었다.

아랍 과학자들이 9세기부터 배턴을 이어받았다. 아랍 철학자 알킨디Al-Kindi(801~873년경)는 "세상 만물이 사방팔방으로 광선을 내

이븐 알하이삼.

뿜고 그것이 온 세상을 채운다"라고 했다. 11세기 초 이븐 알하이삼Ibn al-Haytham은 반사, 굴절 등을 할 수 있는 광선에 의해 빛과 색이 형성된다는 이론에 따라 광학에 관한 광범위한 저술을 남겼다. 그는 시각이 눈에서 방출되는 것이 아니라 눈으로 들어오는 광선에 의해 이루어지며, 빛의 속도는 매우 빠르지만 유한하다고 주장했다. 빛과 렌즈에 대한 아랍의 연구는 1600년경에 개발된 현미경과 망원경이라는 역사상 가장 중요한 두 가지 과학 발명품의 기초를 닦았다.

유럽에서 아이작 뉴턴(1642~1727)은 빛의 거장이었다. 그는 렌즈로 백색광을 색광의 스펙트럼으로 분해하고 품질의 변화 없이 다시 백색광으로 재구성할 수 있다는 것을 보여주었다. 그는 우리가 주변 세계에서 색을 볼 수 있는 것은 물체가 색을 생성하기 때문이 아니라 물체가 색광과 상호작용하기 때문이라고 주장했다. 뉴턴은 빛이 입자들로 구성되어 있다고 주장하면서 이를 '미립자corpuscles'라고 불렀다.

파동일까?

초기 사상가들은 굴절과 반사를 연구할 때 빛을 광선으로 다루었다. 뉴턴이 빛을 고속 입자의 흐름으로 생각한 반면, 동시대의 네덜란드인 크리스티안 하위헌스Christiaan Huygens는 빛이 파동으로 전파된다고 주장했다. 이 논쟁은 1803년 두 실틈slit으로 빛이 통과하게 하는 토머스 영Thomas Young의 유명한 실험으로 해결된 것으로 보인다. 그 결과 생긴 간섭 패턴은 빛이 마치 두 구멍으로 통과하는 물의 파동처럼 움직이며, 두 파동이 상호작용해서 독특한 패턴으로 서로 보강하거나 상쇄한다는 것을 보여주었다.

제임스 클러크 맥스웰James Clerk Maxwell(1831~1879)의 전자기 스펙트럼(111~112쪽 참조)에 빛이 들어온 것은 파동으로서였다. 뉴턴이 백색광에서 발견한 색은 이제 파장으로 나눌 수 있다. 햇빛의 백색광은 서로 다른 파장의 빛이 섞여 있으며, 전체 전자기 스펙트럼에 걸쳐 태양으로부터 오는 다른 파장들과 결합되어 있다는 것이 밝혀졌다.

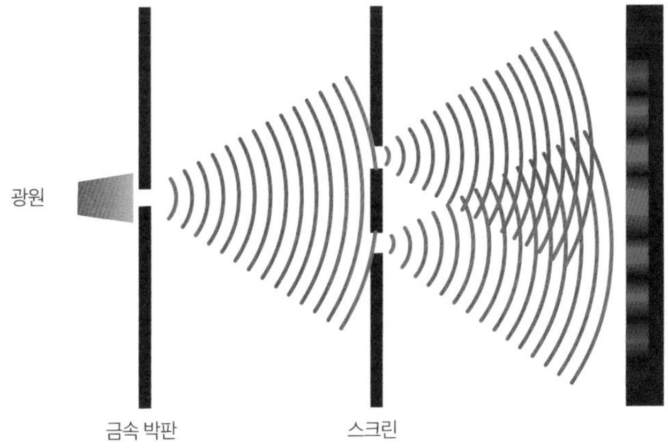

영의 실험에서 두 실틈을 통과하는 빛은 간섭 패턴을 만들어서 어둡고 밝은 띠가 생긴다.

아니면 입자일까?

1899년까지는 빛이 파동이라는 데 아무런 문제가 없어 보였다. 그해 흑체복사黑體輻射, black-body radiation 현상을 연구하던 막스 플랑크Max Planck는 빛이 아주 미세하게 간헐적으로만 방사된다고 주장했다. 흑체복사는 물체가 방사하는 빛이 온도에 따라 어떻게 변하는지 설명한다. 차가운 물체는 우리가 볼 수 없는 긴 파장의 방사선만을 방출하지만, 물체가 뜨거워지면 붉은 빛을 방출하기 시작하고, 그다음 오렌지색, 노란색 그리고 궁극에는 청백색을 방출한다. '흑체'는 모든 파장의 복사를 흡수하는 가상의 물체이지만, 실제로 그렇게 검은 물체는 없다.

플랑크는 작은 에너지 패킷을 '양자quantum'라고 명명했다. 양자가 빛 자체의 특징인지, 물질과의 상호작용에서 나오는 것인지, 다시

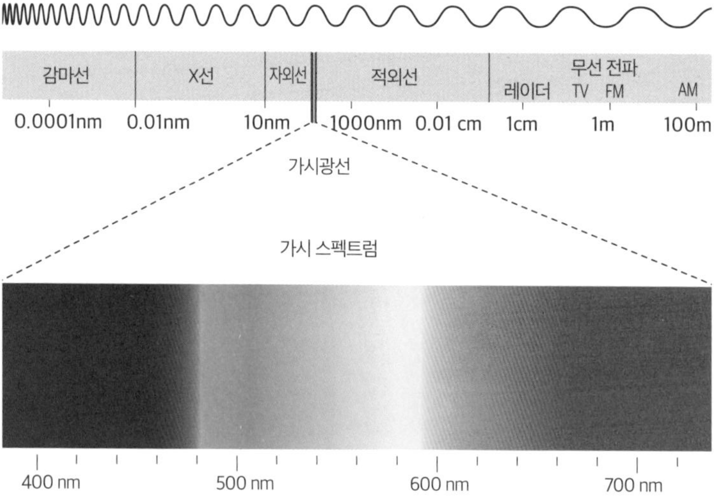

가시광선 스펙트럼.

말해 빛이 본질적으로 양자로 나뉘는지, 물질이 빛을 양자로 쪼개는지 처음에는 명확하지 않았다. 이 문제는 1905년 알베르트 아인슈타인이 광전 효과photoelectric effect에 관한 연구에서 해답을 얻었다. 빛은 본질적으로 양자로 나뉘는데, 우리는 이를 광양자photon라고 부른다. 파장이 다른 빛의 광양자는 에너지가 다르다.

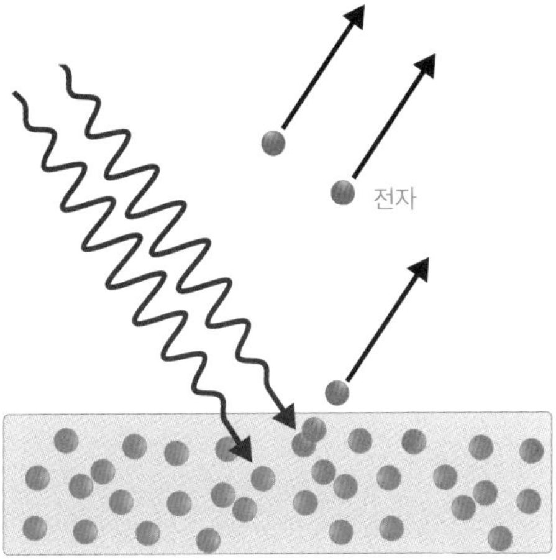

광전 효과 : 금속에 빛을 가하면 금속에서 전자가 방출된다.

빛에서 나오는 전기

광전 효과는 태양열 발전의 중심이다. 그래서 우리 세계에서 점점 더 중요해지고 있다. 이것은 다른 입자들과 상호작용하는 광양자의 능력, 특히 '콤프턴 효과Compton effect'에 달려 있다. 콤프턴 효과는 광자가 원자와 충돌해서 원자에서 전자가 떨어져 나오는 것을 말한다. 금속이나 실리콘과 같은 반도체에서 떨어져 나온 전자의 흐름을 포획해서 전류를 생성하게 된다. 태양에서 오는 광자는 본질적으로 전기를 생산하는 데 아무것도 소비하지 않는다는 점에서 무료 에너지원이다.

빛의 속도

빛이 제한된 속도로 이동하는지, 아니면 순간적으로 사방으로 퍼져나가는지는 고대 그리스 시대 이래로 풀기 힘든 난제였다. 갈릴레오는 1638년에 빛의 속도를 최초로 측정한 것으로 알려졌다. 갈릴레오와 그의 조수는 각자 등불을 들고 서로 멀리 떨어져 있었다. 한 사람이 먼저 자기 등불의 덮개를 벗기고, 다른 한 사람은 그 불빛을 보자마자 자기 등불의 덮개를 벗겼다. 말할 필요도 없이 가장 느린 부분은 이들의 반응 시간이었다. 갈릴레오는 빛이 소리보다 적어도 10배는 더 빠르게 이동한다고 결론내렸다. 올레 뢰메르Ole Römer는 1675년에 빛의 속도를 초당 약 20만㎞로 측정했다. 1738년 영국의 물리학자 제임스 브래들리James Bradley는 빛의 속도를 초당 30만 1000㎞로 측정했는데, 이는 빛의 실제 속도 초당 29만 9792㎞에 근접한 것이다.

아니면 양쪽 다일까?

빛은 입자와 파동의 성질을 동시에 가진다는 것이 밝혀졌다. 조사 방식에 따라서는 파동처럼 작용할 때도 있고, 입자 같은 행동이 더 분명할 때도 있다. 하지만 광양자는 독특한 입자다. 질량이나 정지 에너지가 없으며, 진공 속에서 빛의 속도로 움직인다. 광양자는 질량이 없어도 다른 입자들과 상호작용할 수 있으며 즉시 생성되거나 파괴될 수 있다(예컨대 방사능 붕괴). 그리고 광양자의 에너지와 운동량은 이들이 속한 전자파의 주파수와 파장에 따라 달라진다.

17

전파에서 감마선까지
전자기 스펙트럼

휴대전화 신호를 전달하는 전파가 저녁 식사를 따뜻하게 데워주는 전자레인지, 치아 문제를 드러내는 X선, 그리고 스포트라이트에서 나오는 빛과 같은 종류의 현상인지는 명확하지 않다. 하지만 모두 전자기 방사선 EMR, electromagnetic radiation의 한 형태다.

이들은 전자기EM, electromagnetic 스펙트럼의 서로 다른 부분에 속하며, 서로 다른 파장은 서로 다른 특성이 있고 우리가 다르게 경험하는 에너지를 생산한다.

에너지의 파동

전자기 스펙트럼은 파장이 매우 긴 전파에서 파장이 매우 짧은 감마선 방사까지 다양하다. 파장은 한 파동의 정점과 다음 파동의 정점 사이의 거리다. 전파의 파장은 미터 단위로 최대 수천 미터까지 측정된다. 마이크로파의 파장은 수 센티미터에서 1㎜(1000분의 1m) 사이이며, 감마선의 파장은 1조분의 1m(10억분의 1㎜) 단위로 측정되거나 원자핵 크기다.

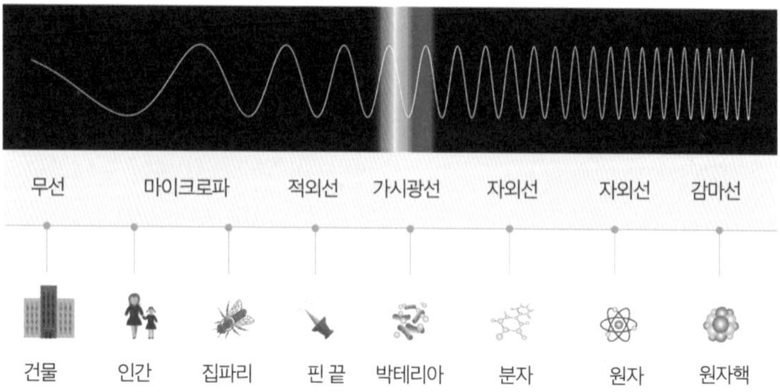

전자기 스펙트럼.

에너지의 파동에는 파장뿐만 아니라 주파수도 있다. 주파수는 단위 시간당 일정한 지점을 통과하는 파동의 수이며, 주파수는 헤르츠(1Hz = 초당 1사이클) 단위로 측정된다. 방사선의 파장이 짧을수록 주파수가 높아지고 전달되는 에너지가 많아진다. X선과 감마선은 에너지 수준이 높아서 우리 몸에 매우 해롭지만, 전파는 파장이 매우 길고 에너지 수준이 낮아서 해롭지 않다.

전기와 자기로부터

19세기의 가장 위대한 물리학자 스코틀랜드의 제임스 클러크 맥스웰은 전기와 자기는 처음에 보였던 것처럼 완전히 다른 것이 아니라는 사실을 발견했다. 전기와 자기는 같은 힘인 전자기력의 다른 표현이다. 맥스웰은 이 힘의 파동이 빛의 속도로 연못의 잔물결처럼 외부로 전파되고 확산된다고 예측했다. 그는 가시광선이 전자기파의 한 형태이며, 서로 직각을 이루고 진행 방향으로 진동하는 전기장의 파동과 자기장의 파동으로 이루어져 있다고 결론지었다.

맥스웰이 빛을 전자기 복사의 한 형태로 인식한 것, 그리고 전자기력에 관한 이야기에서 전자기장으로 넘어간 것은 뉴턴의 연구 이래 물리학에서 가장 중요한 발전이었다. 그는 1862년과 1864년에 전자기 복사 이론을 발표해서 아인슈타인의 상대성 이론과 양자 물리학의 발전을 위한 길을 열었다.

제임스 클러크 맥스웰.

파동은 무엇을 통과할까?

우리는 파동이 매질을 통과한다는 생각에 익숙하다. 해변의 파도는 물이 일으키고 음파는 공기 또는 다른 물질을 통해 이동하지만, 빈 공간을 통해 이동할 수 없다. 전자파를 운반하는 매개체를 찾는 것은 자연스러운 일이었고, 이 과정에서 찾은 해결책은 모든 우주 공간을 채우는 가상의 물질 '에테르ether'였다. 처음에 맥스웰도 전자파가 에테르를 통해 흐를 것으로 가정했고, 이는 몇 년 동안 유력하고 대중적인 생각으로 남아 있었다.

에테르의 존재는 마침내 1881년과 1887년에 미국 물리학자 앨버트 마이컬슨Albert Michelson과 에드워드 몰리Edward Morley의 유명한 실험에서 반증되었다. 마이컬슨과 몰리는 빛이 에테르를 거스르는 것보다 에테르와 같은 방향으로 움직일 때 속도가 더 빠르게 나타날 것을 기대하면서 양방향으로 빛의 속도를 측정했다. 이 실험은 지구가 우주 공간을 운행할 때 만들어 내는 '에테르 풍ether wind'에 의존했다. 하지만 서로 다른 방향에서 빛의 속도 차이를 발견하지 못한 이

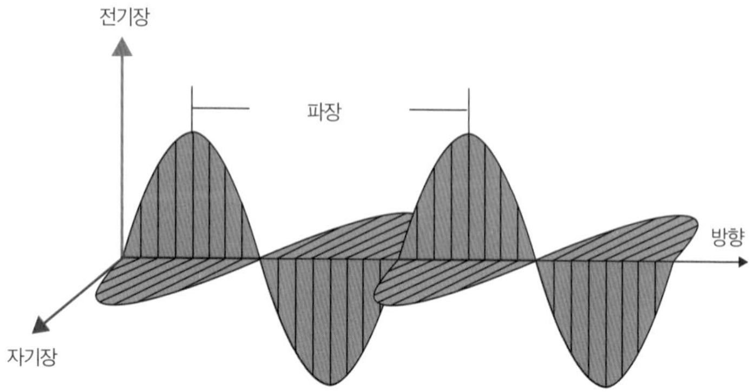

전자파는 두 개의 평면에서 진동한다.

들은 에테르의 존재를 의심하기 시작했다. 마이컬슨-몰리 실험은 증명에 '실패한' 가장 중요한 실험으로 여겨져 왔다.

속속 발견되는 전파

적외선은 1800년 천문학자 윌리엄 허셜William Herschel이 발견했고, 자외선은 그다음 해에 요한 리터Johann Ritter가 발견했다. 하인리히 헤르츠Heinrich Hertz는 1886년에 마이크로파를 만들고 연구했으며, 1888년에 처음으로 전파를 전송해서 더 많은 종류의 전자파가 발견될 수 있다는 맥스웰의 가설을 확인했다. 빌헬름 뢴트겐Wilhelm Röntgen은 1895년에 X선을 발견했지만, X선은 1912년까지는 전자기 스펙트럼의 일부로 인정되지 않았다. 1897년 앙리 베크렐과 어니스트 러더퍼드Ernest Rutherford는 알파선, 베타선, 감마선이라는 세 종류의 방사선을 발견했다. 알파선과 베타선은 입자(각각 헬륨 원자핵과 고속 전자)로 밝혀졌지만, 감마선은 1912년에 전자기 방사선으로 확인됐다.

전파의 활용

전파가 발견되었을 때 사람들은 이것이 별로 쓸모없을 것이라 생각했다. 이제 전파는 라디오, 텔레비전, 휴대폰, 인터넷에 사용되는 신호를 전송하는 등 우리 생활 대부분 측면에서 사용된다. 전파는 파동의 진폭을 변화시킴으로써 정보를 전송하도록 할 수 있다. 진폭은 각 파동의 높이다. 파장과 주파수는 동일하게 유지하지만, 파동의 높이를 변화시킴으로써 오디오나 다른 정보를 부호화할 수 있다.

전파와 전자기 스펙트럼의 다른 부분들은 다른 용도로도 쓰인다. 전파 망원경은 우리가 하늘의 지도를 만들고 가시광선을 방출하지 않는 천체를 조사하는 일을 돕는다. 마찬가지로 망원경은 마이크로파, 적외선, 자외선을 사용할 수 있으며, 방사선을 방출하는 맥동성脈動星, pulsar이나 멀리 떨어져 있는 천체에 대한 새로운 통찰력을 우리에게 준다.

우리는 마이크로파를 이용해서 파동의 에너지로 음식물의 분자를 진동시킴으로써 음식물을 가열한다. X선은 우리가 많은 물질을 꿰뚫어 볼 수 있게 해준다. 의학적 목적으로 신체 내부를 볼 수도 있고, 짐이나 고대 유물과 같은 물체를 들여다볼 수 있다. X선은 다른 종류의 물질에 다르게 흡수되거나 반사되고 또한 신체를 관통해서 암세포에 방사선을 쬐거나 파동의 에너지를 사용해 표적 세포를 파괴하는 데 사용할 수 있다. 감마선은 또한 암을 치료할 수 있으며, 새로운 '감마나이프gamma knife' 기술은 매우 정밀한 뇌 수술을 위해 표적 감마선 빔을 사용한다.

아리스토텔레스에서 아인슈타인까지

'에테르'는 그리스 신화에 나오는 신들이 마시는 특별히 순수한 에센스에서 유래한다. 철학자 플라톤은 이것을 전통적인 네 가지 요소인 흙, 물, 불, 공기를 넘어서는 매우 순수한 형태의 공기라고 말했다. 그의 제자 아리스토텔레스는 지구 너머의 우주 공간을 채울 원소를 추가로 제안했다. 그는 이것을 에테르라고 부르지는 않았지만, 후대의 사상가들이 이를 에테르로 불렀다. 뉴턴은 에테르를 중력 전달의 매개체로 보았다. 17세기에 물리학자들이 우주로 퍼져나가는 빛의 파동을 생각하기 시작했을 때 에테르는 빛의 자연적인 매개체였다. 이것은 심지어 '빛을 전달하는 에테르luminiferous aether'로 불리게 되었다. 그러다 마침내 아인슈타인의 특수 상대성 이론이 확립되면서 필요 없게 되었다.

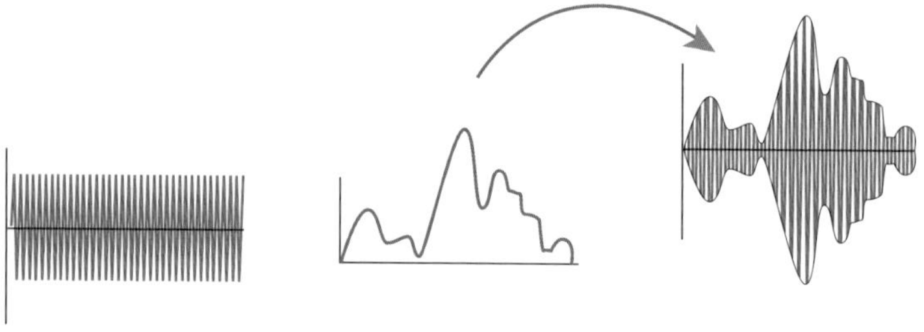

무선 전파.

18

찬란하게 반짝이는 별빛

별의 작동 원리

망원경이 발명되기 전의 시대에 사는 자신을 상상해 보라. 밤하늘을 올려다볼 때 무엇이 보이는가? 약 29일 주기로 모양이 변하는 크고 밝은 달은 분명하게 보일 것이다. 또한 그 당시에는 빛 공해가 없었기 때문에 오늘날 볼 수 있는 것보다 더 많은 밝은 백색광의 점들을 볼 수 있었을 것이다. 그리고 아마도 별들이 하나하나 구분되지는 않지만, 넓은 우윳빛 띠 모양의 은하수도 보였을 것이다.

현대적인 천문학 지식이 없다면 이 반짝이는 점들이 얼마나 멀리 떨어져 있는지 혹은 얼마나 큰지 알 수 없을 것이고, 이 별들이 모두 지구에서 같은 거리에 있지 않다고 가정할 까닭도 없을 것이다.

신에서 가스로

많은 초기 하늘 모형에서는 지구 위에 뒤집어 놓은 사발 같은 반구형 껍질 표면에 모든 별이 걸려 있었다. 이는 모든 별이 같은 거리에 있고 대략 같은 크기라는 것을 나타내지만, 이 별들이 무엇인지, 어떻게 작동하는지는 말해주지 않는다. 종교는 간단한 답을 내놓았다. 별은 신이 하늘에 걸어놓은 빛이거나 그 자체가 신이라는 것이다. 고대

태양.

그리스 철학자 탈레스Tales of Miletus(기원전 624~546)는 최초로 태양과 별이 신이 아니라 물리적인 천체라고 주장했다. 그의 눈에 태양은 아폴로가 전차를 몰고 하늘을 지나가는 것이 아니라 우주에 떠 있는 불타는 공이었다.

탈레스의 사상을 이어받은 철학자 아낙사고라스Anaxagoras(기원전 500~428)는 더 나아가 이 불덩이의 정체를 제안했다. 그는 기원전 5세기에 달과 태양은 신이 아니라 달은 바윗덩어리고, 태양은 불타는 바위라는 생각을 사람들에게 전파한 죄로 기소되었다. 그는 또한 태양이 다른 별들과 같지만, 다른 별들은 너무 멀리 떨어져 있고 태양은 그 빛과 열이 지구를 가득 채울 만큼 가까이 있다고 주장했다.

2000년 이상 거의 진전이 없었다. 그러고 나서 1609년에 갈릴레오가 망원경을 통해 달 표면이 지구의 바위산처럼 울퉁불퉁하다는 사실을 발견했다. 그는 또 행성들은 원반 모양이고, 우리와 같은 다른 세계가 있을 수 있으며, 은하수는 수많은 별의 무리라는 것을 발견했다. 이 마지막 발견은 몇몇 별은 매우 멀리 떨어져 있음을 시사한다. 모든 별이 거의 같은 크기라고 가정할 때(이는 사실이 아니지만, 당시로서는 타당하다고 여겼다), 어떤 별들은 너무 어둡고 작아서 빛의 점으로 보인다면 이 별들이 더 크고 밝은 별들보다 더 멀리 있다는 것을 말한다. 우주는 깊이가 있고 보이는 것보다 더 많은 별이 있다.

> "우리 자신의 별과 세계의 구성은 우리가 볼 수 있는 다른 많은 별과 세계의 구성과 같다."
>
> — 조르다노 브루노

하지만 망원경은 별들이 무엇으로 이루어져 있는지에 대한 단서를 제공하지 않았다. 자신의 연구로 인해 박해받은 또 다른 통찰력 있는 사상가 조르다노 브루노Giordano Bruno는 1584년에 태양이 다른 별들과 같은 별이며, 지구와 같은 행성들이 다른 별들을 공전할 수도 있다고 주장했다. 태양이 평범한 별이라는 생각은 점점 받아들여지기 시작했지만, 19세기에 분광학spectroscopy이 발명되기 전까지는 확인되지 않았다. 분광학은 물질이 흡수하거나 방출하는 빛의 파장으로 원소를 식별하는 방법이다. 원소와 원소가 흡수하는 스펙트럼 사이의 연관성은 1857년 로베르트 분젠Robert Bunsen과 구스타프 키르히호프Gustav Kirchhoff가 밝혀냈다. 이들은 태양 스펙트럼에 있는 검은 띠들을 조사하며 태양 외부 대기에 존재하는 원소들을 규명할 수 있었다. 이탈리아 천문학자 안젤로 세키Angelo Secchi(1818~1878)는 약 4000개 별의 스펙트럼을 비교해서 별들이 소수의 독특한 유형으로 분류된다는 것을 발견했다. 이 발견으로 태양은 확실히 다른 별들과 같은 반열에 서게 되었다.

분광학은 어떤 파장의 빛이 태양을 떠날 때 어떤 원소가 이를 차단하는지 알려주지만, 태양 내부에 대해서는 아무것도 알려주지 않는다. 태양이 대부분 수소(73%)와 헬륨(21%)으로 이루어져 있다는

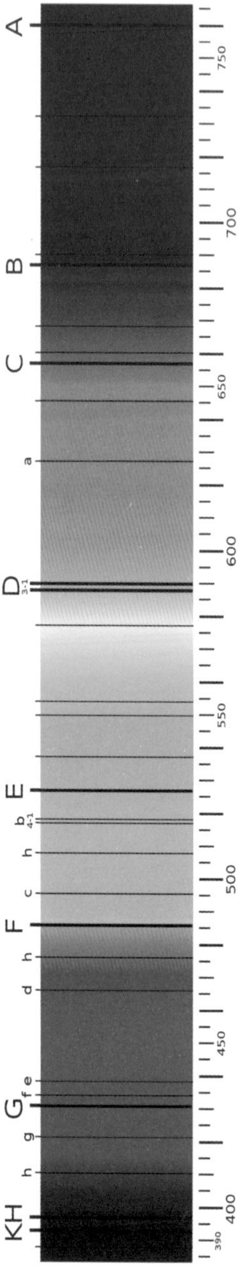

것을 처음으로 발견한 사람은 1925년 세실리아 페인가포슈킨Cecilia Payne-Gaposchkin이었다. 하지만 아직도 중요한 질문이 남아 있었다. 어떻게 거대한 가스 덩어리가 태양계에 동력을 공급하는 열과 빛을 생산할 수 있을까?

내부에서 나오는 에너지

그 답은 1929년 천문학자 조지 가모프George Gamow가 내놓았다. 그는 별의 중심핵에서 수소 원자가 엄청난 압력과 열을 받아 서로 융합해서 헬륨을 형성한다고 주장했다. 이 핵융합 과정에서 에너지가 광자의 형태로 방출되고 이 에너지는 별 표면으로 천천히 이동해서 우주로 쏟아져 나온다. 여기서 '천천히'는 사실 매우 느릴 수 있다. 광자가 태양 표면에 도달해서 다른 것들과 함께 우주로 흘러 나가는 데는 10만 년이 걸릴 수 있다. 광자는 빠져나오려고 하지 않고 특정한 방향으로 향하지 않는

태양 스펙트럼의 프라운호퍼선Frounhofer line. 프라운호퍼는 검은 띠들을 문자로 표시했고, 이는 나중에 서로 다른 원소들과 연결되었다.

다. 따라서 광자는 다른 입자들과의 무작위적인 충돌로 가장자리로 밀려날 때 비로소 햇빛을 구성하는 빛과 열의 일부가 된다. 이 모든 세월이 흐른 후 태양에서 나온 광자가 지구에 도달하는 데는 약 8분이 걸린다. 오직 이 여정의 마지막 부분만이 빛의 속도로 완성된다.

별자리 혼동

전 세계의 문화에서는 별자리를 찾아내고 반짝이는 별의 점들을 잇는 패턴과 그림을 만들어 왔다. 별자리를 보는 것은 모든 별은 같은 거리에 있다(모든 별은 하늘에 뒤집어 놓은 사발 위의 점이다)는 생각에서 나온다. 하지만 오리온자리와 같은 별자리의 별들은 지구에서부터 500광년에서 2000광년 떨어져 있어서 거리가 실제로 엄청나게 차이 난다(오리온자리의 '별' 중 하나는 실제로 성운이며, 별들이 모여 있는 거대한 먼지구름이다). 별들을 하늘의 3차원 모델에 넣는 순간 별자리들은 완전히 사라진다.

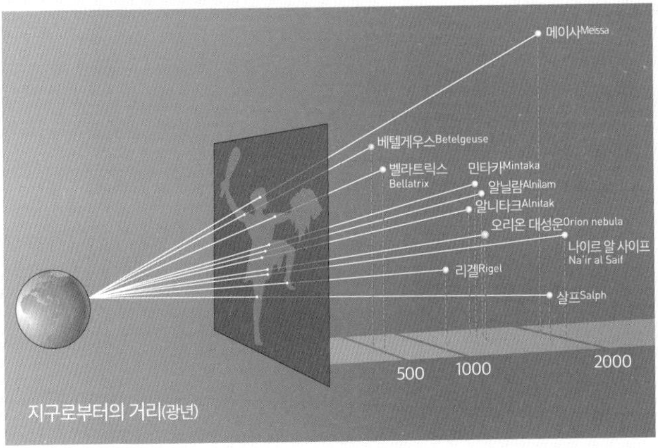

오리온자리 별들이 3차원 공간에서 차지하는 위치.

19

우주 공간의 구멍?
블랙홀

우리가 알고 있는 블랙홀의 일반적인 개념은 물체가 너무 가까이 가면 빨려 들어가는 우주의 구멍이다. 사실 블랙홀은 구멍의 정반대다. 구멍은 물질에 틈이 있는 곳이다. 예컨대 주머니에 난 구멍은 천이 없는 곳이다. 하지만 블랙홀은 물질이 너무 많아서 모든 것을 끌어당기는 엄청나게 강력한 중력을 만들어 내는 곳이다. 그래서 블랙홀은 더욱 밀도가 높아진다.

블랙홀의 시초

천문학 역사에서 블랙홀에 대한 첫 번째 암시는 1783년 영국 천문학자 존 미첼John Michell이 '빛이 빠져나갈 수 없을 정도로 밀도가 높은 물체'에 관한 글을 쓴 것이다. 물체에서 빛이 나오지 않으면 자연히 검은색으로 보인다. 알베르트 아인슈타인의 일반 상대성 이론(275쪽 참조)은 블랙홀의 존재를 예측하면서 중력이 질량에 의한 시공간의 왜곡이므로 매우 큰 질량이 집중되면, 미첼이 생각한 극한 중력을 생성할 수 있을 정도로 시공간을 왜곡시켜 빛이 빠져나갈 수 없는 영역을 만들 수 있다고 제안했다. 블랙홀이라는 용어는 1964년 처음 사용됐다.

블랙홀 형성

미국 과학자 J. 로버트 오펜하이머J. Robert Oppenheimer와 하틀랜드 스나이더Hartland Snyder는 1939년에 블랙홀의 생성 원리를 제안했다. 이들은 질량이 큰 별이 수명을 다하고 자체 중력의 무게로 붕괴할 때 밀도가 점점 더 높아질 것이라고 제안했다. 별이 중심핵을 향해 더 많이 떨어질수록 점점 더 밀도가 높아진다. 밀도가 높아지면 물질에 작용하는 중력이 더욱 증가하고, 더 많은 물질이 안쪽으로 끌어당겨진다. 마침내 별을 구성하는 물질은 매우 작은 부피로 압축되고 밀도가 너무 높아져서 중력이 빛조차 빠져나가지 못하게 할 것이다. 이것이 블랙홀이다. 블랙홀 주위의 '사건의 지평선event horizon'은 물질과 에너지가 안으로 끌어당겨지는 시공간상의 경계를 나타낸다. 이것이 현재 널리 받아들여지고 있는 블랙홀의 생성 원리다.

태양보다 질량이 더 큰 별들이 헬륨으로 융합할 수소를 다 소진하면 철로 이루어진 핵이 남을 때까지 무거운 원소를 차례로 융합한다. 별들이 핵융합을 계속하는 동안은 별의 중심부에서 생성된 에너지의 바깥쪽으로 흐르는 압력이 별을 안쪽으로 끌어당기는 중력을 상쇄하지만 별이 더 이상 핵융합을 지속할 수 없게 되면 다른 어떤 힘으로도 중력과 균형을 이루지 못한다. 이렇게 되면 중력이 별의 모든 층을 중심으로 끌어당긴다. 하지만 별의 중심에는 모든 질량을 수용할 공간이 없고 초신성이라고 불리는 거대한 폭발로 흩어져 나간다. 이때 많은 물질이 우주 밖으로 흩어지지만, 밀도가 아주 높은 별 중심부는 그대로 남아 중성자성이나 블랙홀이 된다.

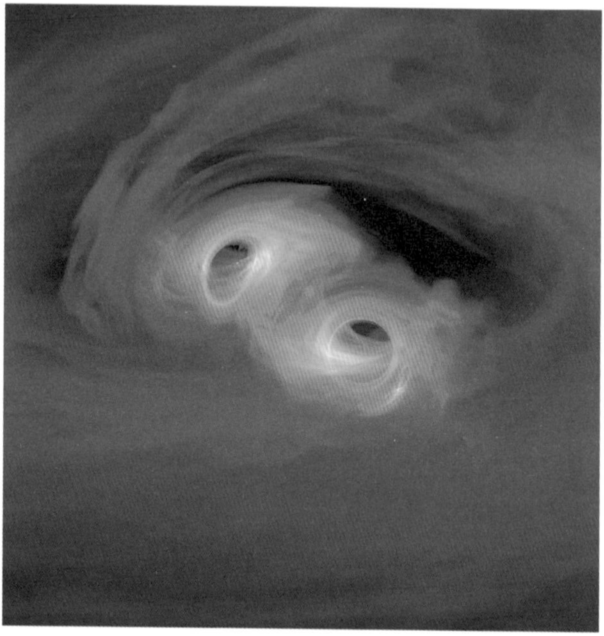

블랙홀이 충돌하고 합쳐진다(인간의 눈으로 볼 수 없는 거짓 빛깔).

거대한 구멍

죽은 별의 잔재로서 블랙홀은 큰 별의 밀도를 가진 보통 크기의 블랙홀이다. 하지만 1974년 천문학자 브루스 발릭Bruce Balick과 로버트 브라운Robert Brown은 은하수 중앙에서 초거대 질량 블랙홀을 발견했다. 궁수자리 A*Sagittarius A*라고 불리는 이 블랙홀의 질량은 태양의 400만 배다. 우주 전체에 걸쳐 은하 중심에 초거대 질량 블랙홀이 있다는 것이 밝혀졌다. 실제로 M87 은하에는 태양 질량의 수십억 배에 달하는 블랙홀이 있다. 초거대 블랙홀이 어떻게 형성되는지는 아무도 모른다. 한 가지 제안은 태양 질량의 약 1000배에 달하는 별이 보통 블랙홀이 되어 주위의 가스를 끌어들이고 다른 블랙홀과 합쳐지

물질의 원반이 블랙홀 주위를 빙빙 돌고, 고에너지 입자의 분출물이 바깥쪽으로 튕겨나온다.

면서 서서히 성장한다는 것이다. 다른 제안은 블랙홀이 처음부터 매우 큰 규모로 시작한다는 것이다. 즉 거대한 가스 구름이 붕괴해서 태양 질량의 10억 배에 달하는 초거대 질량 별을 생성한다. 이 별은 오래가지 못하고 단지 수백만 년 동안 지속되다가 스스로 붕괴하여 초거대 블랙홀이 된다.

서로 집어삼키기

블랙홀은 사건의 지평선을 가로지르는 물질을 끌어들일 뿐만 아니라 다른 블랙홀과 합쳐짐으로써 성장할 수 있다. 2016년 두 블랙홀이 충돌하면서 발생한 중력파가 발견되었다.

어둠을 찾아서

우리가 하늘에서 별을 볼 수 있는 것은 별이 빛이나 다른 에너지를 방출하기 때문이다. 만약 별이 블랙홀에서 빠져나올 수 없다면 빛이나 다른 에너지가 방출되지 않기 때문에 별을 보기 매우 어려울 것이다. 천문학자들은 종종 근처 천체들의 행동을 관찰하며 블랙홀을 발견할 수 있다. 블랙홀의 중력은 텅 빈 것처럼 보일 수도 있지만, 실제로는 보이지 않는 매우 거대한 블랙홀이 차지하고 있는 중심점 주위에 물질이 소용돌이치고 있다. 이 물질이 블랙홀로 빨려 들어갈 때 블랙홀 주위를 돌면서 종종 매우 뜨거워진다. 망원경으로 이 열을 감지할 수 있다. 물질이 블랙홀로 빨려 들어갈 때 일부 에너지는 사건의 지평선을 넘지 않기 때문에 빛으로 방출된다. 때때로 이 빛도 감지할 수 있다. 찬드라 엑스선Chandra X-ray 망원경과 같은 망원경은 물질이 블랙홀로 빨려 들어가는 징후를 확인할 수 있다. 블랙홀의 첫 사진은 2019년 특히 블랙홀 조사에 사용되는 사건의 지평선 망원경 Event Horizon Telescope으로 촬영됐다.

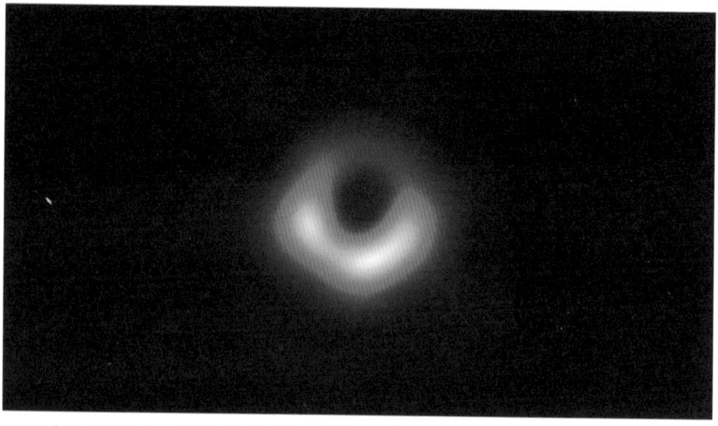

2019년 사건의 지평선 망원경이 촬영한 블랙홀 사진.

우리는 안전하다

사람들은 때때로 태양이 블랙홀이 되어 지구가 그 속으로 빨려 들어갈 수도 있다고 걱정한다. 하지만 태양은 블랙홀이 되기에는 너무 작다. 약 45억 년 후 태양이 마침내 소멸할 때 먼저 엄청나게 팽창할 것이고, 그 시점에서 지구는 멸망할 것이다. 하지만 질량이 충분하지 않기에 태양은 붕괴해서 블랙홀이 되지는 않을 것이다. 비록 태양이 블랙홀이 되더라도 질량과 중력은 지금과 같을 것이다. 우리가 살고 있는 지구는 태양에 빨려 들어가지 않으므로 만약 태양이 같은 중력 영향을 미치는 블랙홀이 되더라도 우리는 빨려 들어가지 않을 것이다.

20

화학물질은 돌고 돈다
생물 지구 화학적 순환

지구는 궁극적인 재활용가다. 유기체에 필요한 모든 중요한 화학물질은 끊임없이 재활용된다. 오늘날 우리가 호흡하는 산소는 한때 공룡이 호흡했다. 또한 우리 세포에 있는 탄소는 한때 해저의 바위에 있었다. 인간으로서 우리는 지속 가능한 삶에 유난히 서툴지만, 지구는 전문가다.

지구는 폐쇄계closed system다. 햇빛 에너지를 제외하고 지구에 들어오거나 지구에서 나가는 것은 거의 없다.

순환과 영역

지구상의 화학물질들은 대기권(지구 주위를 둘러싼 가스층)과 생물권(생물의 영역), 수권(지구의 물), 암석권(암석) 등 네 곳에 존재할 수 있다. 화학물질은 재활용되면서 이들 영역 사이를 이동한다. 일반적으로 대기권, 생물권, 수권을 거치는 순환은 매우 빠르지만, 암석권을 통한 이동은 종종 매우 느리다.

보이는 순환

어떤 화학적 순환은 꽤 오랫동안 알려져 왔다. 그중 화학적 순환의 가장 기본적인 형태인 물의 순환은 꽤 명백하다. 물은 바다와 육지 표면에서 증발하거나 생물체에서 방출된 뒤 대기 중에 기체로 모이고, 이것이 응집해서 물방울을 형성하면 구름이 된다. 구름이 포화 상태가 되면 물은 비가 되어 내린다. 내린 비의 일부는 땅속으로 스며들고, 일부는 지표 위를 흐르고, 일부는 식물이나 동물에게 소비되며, 일부는 내리자마자 바로 증발한다. 표층수는 강으로 모여 바다로 돌아간다. 그렇게 물은 다시 순환을 시작한다.

질소, 산소, 탄소, 황, 인 등 다른 화학물질도 마찬가지로 순환한다. 질소는 특정 유형의 박테리아에 의해 공기로부터 '고정'된 후 식

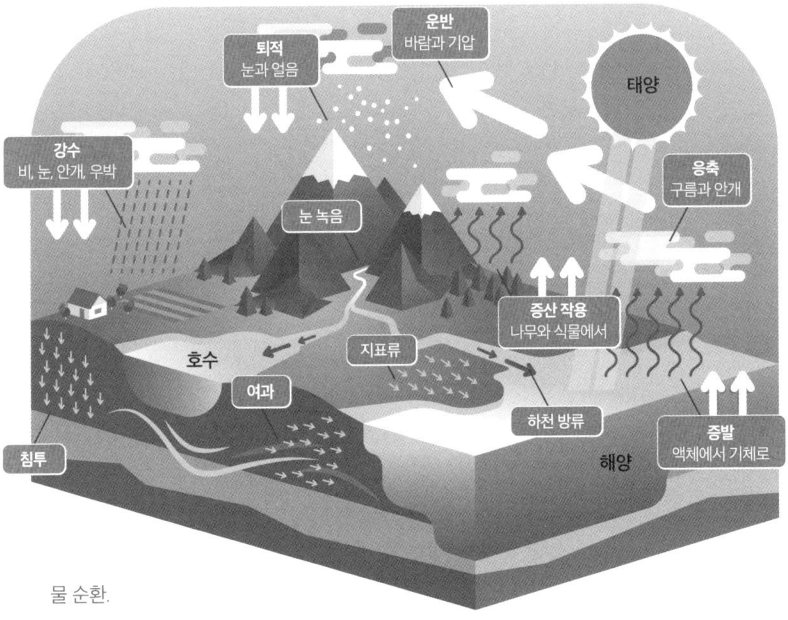

물 순환.

물에 흡수되어 세포에 저장된다. 식물들은 동물들에게 먹히거나 죽어서 분해자(생물의 사체나 배설물 중에 있는 유기물을 분해하는 미생물)들에 의해 분해된다. 동물들은 잡아먹힐 수도 있지만, 결국 이들이 식물로부터 가져가는 질소는 이들의 노폐물에서 나오거나 죽을 때까지 몸에 남아 있다. 그렇게 몸에 남은 질소 역시 이들의 폐기물과 죽은 식물들과 함께 분해자들에 의해 분해되어 토양과 대기로 되돌아간다. 질소의 순환이 다시 시작되는 것이다. 오늘날 우리는 또한 이 순환 주기의 일부를 단축하는 질소 비료를 만들기도 한다. 즉 대기에서 질소를 가져와 비료를 만들고 이를 토양에 직접 뿌려 식물의 성장을 촉진한다.

탄소 순환 방해

탄소는 두 가지 순환을 병렬로 거친다. 하나는 종종 빠른 탄소 순환으로 불리는 생물학적 순환이며, 다른 하나는 느린 탄소 순환으로 불리는 지질학적 순환이다. 생물학적 탄소 순환에서 식물은 대기에서 이산화탄소를 흡수하고 땅에서 얻은 물과 햇빛 에너지로 유기물인 포도당과 산소를 생산한다. 식물은 산소를 대기 중으로 방출한다. 이것을 광합성이라고 하며 지구상 대부분 생명체에게 필수다. 산소는 식물과 동물 등 호흡하는 유기체가 사용하고 포도당은 식물의 세포 형성과 신진대사에 사용한다. 식물 세포는 초식 동물의 먹이가 되고, 초식 동물은 차례로 육식 동물의 먹이가 된다. 먹이 사슬에 따라 식물과 동물의 폐기물이 분해될 때 탄소는 다시 방출된다. 때때로 특정 상황에서 이 폐기물이 분해되지 않고 수천 년에 걸쳐 화석화된다. 이것은 석탄이나 석유와 같은 화석 연료로 변한다. 탄소는 화석 연료

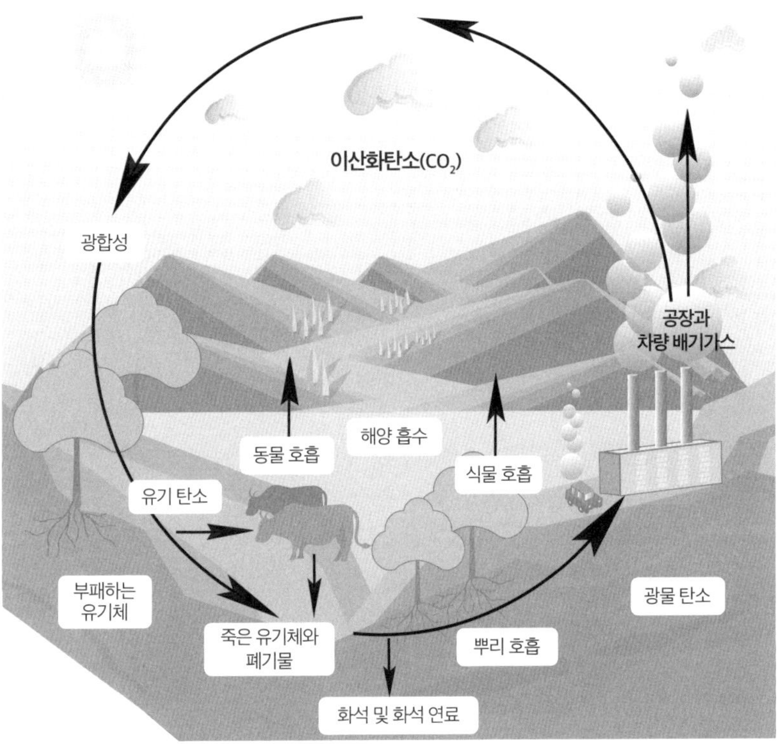

생물학적 탄소 순환(유기 탄소 순환)은 탄소가 생물체와 대기를 통해 일반적으로 빠르게 이동한다.

안에 무기한으로 고착되어 있다. 이렇게 유기물을 구성하는 탄소분을 가리켜 유기 탄소라고 한다.

이와 동시에 훨씬 더 느린 지질학적 순환이 진행되고 있다. 탄소는 탄산염 암석에서 산소에 의해 고정되어 있다. 아주 오랜 시간에 걸쳐 이 암석들은 풍화된다. 즉 대기 중의 이산화탄소가 물에 녹아서 탄산이 된 산성비에 의해 마모된다. 암석에서 용해된 이온은 바다로 가서 중탄산염bicarbonate 이온과 결합한다. 이들은 대개 탄산칼슘이고, 탄산칼슘의 대부분은 바다 생물들의 껍질을 만드는 데 처음으로

탄소 원자가 느린 탄소 순환을 거치는 데는 수백억 년이 걸린다.

사용한다. 이들이 죽으면 껍질은 해저로 떨어져 결국 압축되어 암석이 된다. 지각 운동(175~180쪽 '지각 변동' 참조)은 해저를 해안 쪽으로 천천히 끌고 간다. 여기서 해저는 대륙 지각 아래로 끌어당겨지고 맨틀로 내려가 녹는다. 암석에 내장되어 있던 탄소는 결국 화산에서 이산화탄소로 방출되어 대기로 돌아온다. 느린 탄소 순환은 1억 년에서 2억 년이 걸리므로 기후 문제에 대한 빠른 해결책이 아니다.

탄소 순환을 엉망으로 만드는 것은 인간이다. 오늘날 인간은 수백만 년 전에 갇혀 있던 탄소를 담고 있는 화석 연료를 가져와 대량으로 태우고 있다. 이것은 3억 5000만 년까지 매우 오랫동안 순환되지 않았던 탄소를 즉시 방출한다. 이는 자연적인 순환을 벗어나 기후 변화에 영향을 준다. 빠른 탄소 순환이 감당하기에는 너무 벅차고 느린 탄소 순환이 이를 처리하기를 기다릴 수 없다.

내부 순환

생체도 역시 자체 생화학적 순환을 한다. 가장 중요한 것 중 하나는 세포 내에서 일종의 에너지 은행 역할을 하는 ATP(아데노신3인산)의 순환이다. 화학 반응은 에너지를 사용하거나 생산한다. 에너지는 원자들 사이의 결합을 만들거나 끊어서 분자를 형성하고 재구성하는 데 관여한다. 생체는 두 종류의 반응에 의존하는데, 어떤 반응에는 에너지가 필요하고 어떤 반응은 에너지를 방출한다. 세포는 ATP를 사용해서 반응에 필요한 에너지의 균형을 맞춘다. 에너지가 필요한 반응을 수행하기 위해 ATP는 물과 결합해서 ADP(아데노신2인산)를 생성하고 이 과정에서 에너지가 방출된다. 세포에서 에너지를 방출하는 반응이 일어나면 여분의 에너지는 ADP를 다시 ATP와 물로 바꾸는 데 사용된다.

21

우주의 중심은 태양이다
태양 중심설

지금은 태양이 태양계의 중심이고 행성들과 다른 천체들이 태양 주위를 돈다는 것이 분명해 보인다. 하지만 처음부터 명백하지는 않았고, 심지어 태양계의 주요 모델도 아니었다. 수천 년 동안 사람들은 지구가 중심이라고 믿었고, 다른 행성들과 달, 심지어 태양도 지구 주위를 돈다고 믿었다.

두 가지 옵션

행성과 태양의 움직임을 관찰하는 것만으로는 지구(지구 중심계) 또는 태양(태양 중심계) 어느 것이 중심 천체인지 명확하지 않다. 고대 그리스인들은 두 가지 안을 모두 내놓았지만, 둘 중에서 선택할 결정적인 방법이 없었던 가운데, 지구 중심 모델이 우세해졌다. 영향력 있는 철학자 아리스토텔레스가 이 모델을 선택했고, 그리스계 이집트 천문학자 프톨레마이오스Ptolemy는 2세기에 영향력 있는 천문학 교과서 《알마게스트Almagest》를 썼을 때 지구를 중심에 두었다. 이것으로 1500년 동안 서양에서 더 이상의 논쟁은 일어나지 않았다. 프톨레마이오스는 각 행성이 지구를 직접 공전하는 것이 아니라, 특정 빈 점 주위를 작은 원을 그리며 돌면서 더 큰 가상의 원을 그리며 지

프톨레마이오스의 우주 모형.

구를 공전한다는 복잡한 정렬로 설명했다. 행성들이 그 공전 주기에서 특정 지점의 하늘을 통과하는 겉보기 역행 운동을 설명하기 위해서였다. 하지만 이런 겉보기 역행 운동은 역시 궤도를 도는 지구에서 행성들을 관찰한 결과이며, 항상 순행 운동하는 행성들의 실제 궤도와는 아무 상관이 없다.

신이 창조한 우주

프톨레마이오스의 관점은 서양 종교 교리에 부합했다. 신이 우리를 두었을 것으로 믿는 바로 그 지구와 인류를 우주의 중심에 두었기 때문이다. 심지어 그는 지구 중심설을 뒷받침하기 위해 하나님이 낮을 길게 하기 위해 (지구가 아닌) 태양의 움직임을 멈추었다는 성경의 한 구절을 인용했다. 교회와 프톨레마이오스의 지원 덕분에 태양계의 지구 중심 모델은 오랫동안 도전받지 않았다. 하지만 도전은 마침내 찾아오고야 말았다.

니콜라우스 코페르니쿠스.

권좌에서 밀려난 지구

1543년 폴란드 천문학자 니콜라우스 코페르니쿠스Nicolaus Copernicus는 태양이 태양계의 중심이라는 태양 중심설을 발표했다. 이론이 매우 분분한 이 견해는 코페르니쿠스가 사망하기 바로 직전에 출판되었다. 분명히 교회로부터 압력을 받고 있었을 출판사는 이 견해가 태양계를 문자 그대로 설명하는 것은 아니고, 단지 행성의 궤도를 계산하는 데 도움이 되었다고 하는 완곡한 서문을 추가했다. 하지만 실제로는 코페르니쿠스의 이론은 행성의 궤도를 계산하는 데 별 도움이 되지 않았다. 모든 행성이 태양 주위를 돈다고 하는 코페르니쿠스의 태양 중심설이 행성들의 겉보기 역행 운동을 설명하지 않았기 때문이다.

처음에 코페르니쿠스의 태양 중심설은 거의 관심을 끌지 못했다. 하지만 1608년 망원경의 발명과 함께 상황이 바뀌기 시작했다. 이탈리아의 대학자 갈릴레오 갈릴레이Galileo Galilei(1564~1642)는 행성들이 다른 세계이고, 어떤 행성들에는 그 주위를 도는 위성이 있다는 사실을 발견했다. 이것으로 태양계의 모든 천체가 지구 주위를 돈다는 지구 중심설을 더 이상 유지하기 어렵게 됐다. 목성의 위성들이 목성 주위를 돌고 있다면 목성이 지구 주위를 돈다고 가정하는 것은 타당하지 않아 보였다. 갈릴레오가 태양계의 태양 중심 모델을 강력하게 지지했을 때 교회는 재빨리 움직였다. 갈릴레오는 야만적인 종교재판소의 심문을 받고 가택 연금되었으며, 태양 중심설을 가르치는 행위는 금지되었다.

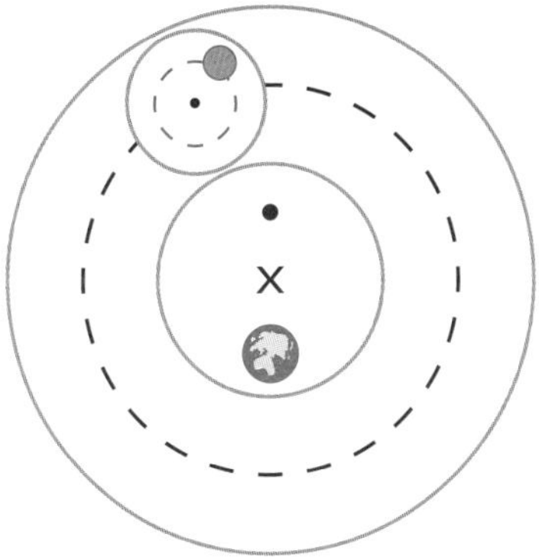

행성이 빈 점 주위를 작은 원을 그리며 돌면서 동시에 더 큰 궤도를 그리며 지구 주위를 돈다.

둥글지만, 완전한 원형은 아닌

코페르니쿠스는 행성들의 궤도가 원형이라고 가정하는 결정적인 오류를 범했다. 이 가정은 1604년 요하네스 케플러Johannes Kepler가 행성의 궤도가 약간 찌그러진 타원형이라는 것을 깨달았을 때 수정되었다. 그는 때때로 역행하는 행성들의 움직임을 다음과 같이 설명했다. '지구는 당시 알려진 외행성(화성, 목성, 토성)보다 더 빨리 움직인다. 따라서 지구가 이 행성들의 궤도를 통과할 때 이들이 잠시 뒤로 가는 것처럼 보인다.' 이 설명은 분명히 태양 중심설을 선호하게 만들었다.

승산 없는 싸움

교회는 계속해서 지구 중심설을 홍보했고 태양 중심설을 몰아내려했다. 태양 중심설을 장려한 갈릴레오의 책은 1632년에 금서 목록에 올라 1822년까지 해제되지 않았다. 사실, 교회는 20세기 마지막 10년까지 자신들이 갈릴레오를 불공평하게 대한 사실을 받아들이지 않았다. 갈릴레오는 아직도 교회의 공식적인 사과를 기다리고 있다.

마지막 증명

비록 태양 중심 모형의 수학이 설득력 있고 뉴턴의 중력 이론의 지지를 받지만, 20세기까지도 그것이 정확하다는 것을 의심할 여지 없이 증명하기는 여전히 불가능했다. 우주선을 궤도에 쏘아 올려 지구와 다른 행성들의 움직임을 관찰할 수 있게 되었을 때야 비로소 지구가 태양 주위를 돌며 그 반대가 아니라는 사실이 확실해졌다.

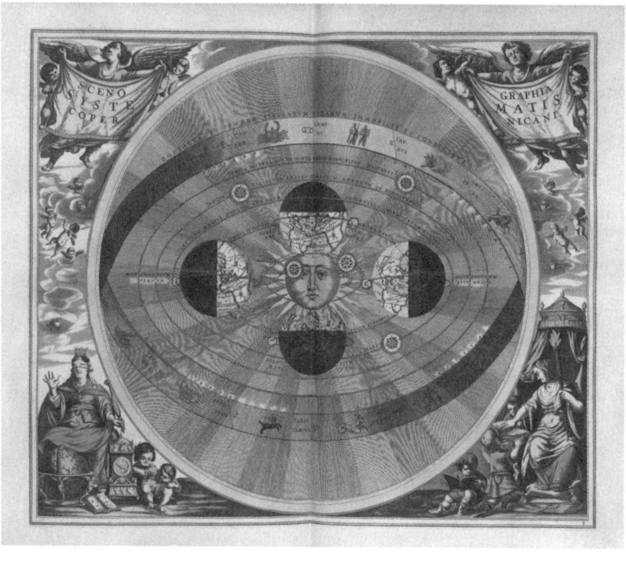

알려진 행성들이 태양 주위를 도는 코페르니쿠스의 태양 중심설 모형.

22

건강한 신체 균형 유지를 위한 관찰

신체 모형화

무엇이 우리 몸을 건강하게 잘 돌아가게 할까? 고대 그리스인의 이론에 따르면 그 해답은 네 가지 '체액humour'의 균형을 유지하는 것이었다. 훨씬 이전의 인도와 중국 사상가들에 따르면 우리 몸에 흐르는 에너지의 균형을 맞추는 것이었다. 두 가지 모델 모두에서 신체 균형이 맞지 않으면 그 결과로 신체적 또는 정신적 질병이 생길 수 있다.

건강은 신체를 개인적인 균형점에 가까이 가게 함으로써 회복할 수 있다. 서양 의학에서 영향력 있는 로마의 의사 갈레노스Galen가 옹호한 체액 모델humoral model은 2000년 동안 서양을 지배했다. 현대의 신체 작동 모델에서도 균형은 화학적인 과정과 기계적인 과정을 결합한 시스템의 일부로서 자리 잡았다.

체액, 정신, 에너지로 충분하지 않을까?

다양한 신체 균형 모델은 900년경부터 아랍 의료인들의 도전에 직면하기 시작했다. 이것만으로 건강과 질병을 완전하게 설명하지 못할 수도 있다는 단서가 나타났다. 예를 들어 아벤조아르Avenzoar (1091~1161)는 피부에 생기는 옴은 체액의 불균형이 아니라 기생충에 의해 발생한다는 것을 발견했다. 하지만 작은 증거만으로 체액 이론을 뒤집기에는 충분하지 않았다. 전 세계적으로 해부학자들이 시체를 해부하는 것을 종교적, 법적으로 막았고, 이로 인해 신체의 작동 원리를 이해하는 과학적 진보의 길이 막혔다. 동물 해부에서 약간의 통찰력을 얻었지만, 종종 오해를 불러일으키기도 했다.

정밀한 분석에 기반을 둔 해부학이 부상하면서 화학적, 기계적 신체 모델로 전환하기 시작했다. 플랑드르의 의사 안드레아스 베살리우스Andreas Vesalius는 갈레노스의 연구에 대해 최초로 실제적인 이의를 제기했다. 베살리우스는 신체 내부의 상세한 해부도를 출판

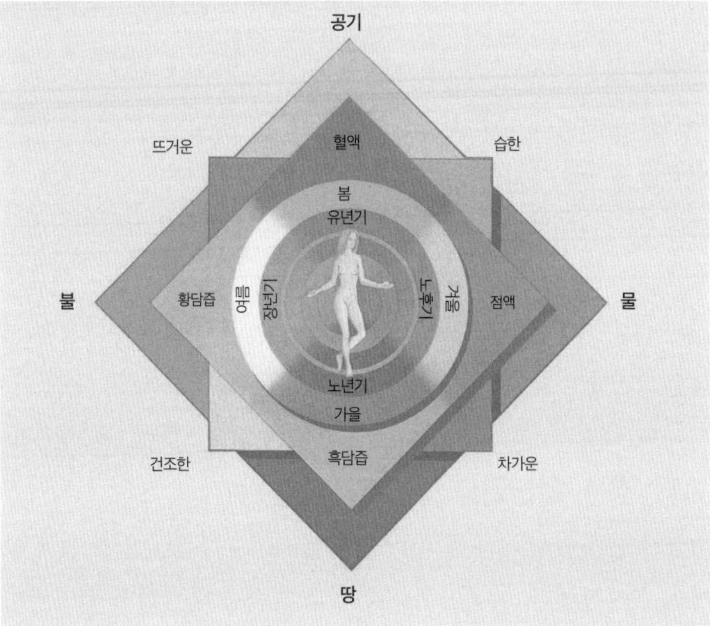

네 가지 체액 모델은 체질과 나이를 체액과 관련된 특징과 연관지었다. 혈액, 황담즙, 흑담즙, 점액 등의 액체는 지구상의 모든 물질을 구성하는 것으로 생각되는 네 가지 원소와도 연관되어 있었다.

해서 갈레노스가 저지른 몇 가지 오류를 수정했고, 이는 1300년 동안 지속되었다. 이제 사람들은 적어도 인간의 몸 안에 무엇이 있는지 상당히 정확하게 알게 되었다. 하지만 여전히 균형 모델을 배제하지는 않았고, 실제로 체액 모델은 여러 맥락에서 19세기까지 살아남았다.

유체 역학에서…

신체 일부를 확인하는 것만으로 우리 신체가 어떻게 작동하는지 또는 무슨 일을 하는지를 항상 알 수 있는 것은 아니었다. 때로는 생체에 관해 조금 더 많은 연구가 필요했다. 신체의 모든 부분을 심장과 폐로 연결하는 혈관의 존재가 처음으로 설명되었다. 영국의 의사 윌리엄 하비William Harvey는 심장 근육이 규칙적인 수축 운동으로 혈액을 동맥으로 보내는 과정을 설명했다. 사실 그가 이 사실을 처음으로 알아차린 것은 아니다. 하지만 그의 주장으로 기존에 일반적으로 수용됐던 신체 모델에 영향을 미쳤다. 마침내 혈액이 혈관을 통해 밀려갔다 밀려왔다 한다는 이전의 설명을 신뢰할 수 없게 만들었다. 실제로 아랍 의사 이븐 알나피스Ibn al-Nafis는 이미 13세기에 혈액이 폐에서 공기를 포집해서 심장으로 돌아간다고 말했다.

알나피스와 다른 사람들이 시작한 연구에 이어 하비는 혈액이 심장에서 폐로 가서 공기(우리는 이제 산소만이라고 한다)를 포집한 다음 동맥을 통해 온몸을 돌아다니다가 모세혈관을 지나 정맥으로 갈아타서 다시 심장으로 돌아간다고 제안했다. 모세혈관은 1661년 이탈리아의 현미경 학자 마르첼로 말피기Marcello Malpighi가 처음으로 발견했다.

…기계학으로

점점 가늘어지는 혈관을 통해 흐르는 혈액은 유체 역학 법칙을 따른다. 신체의 여러 측면을 기계적 구조의 관점에서 설명할 수 있다는 사실이 곧 밝혀졌다. 이탈리아 과학자 갈릴레오 갈릴레이는 근육과 뼈가 기계의 레버처럼 움직인다는 것을 보여주었다. 프랑스의 철학자 르네 데카르트René Descartes(1596~1650)는 파리에서 자동인형automata을 보고 영감을 받아 인간의 몸은 시계태엽 장치처럼 작동하며 어떤 행동은 기계적인 과정에 의해서만 일어나고 생각은 필요 없는 반사 작용이라고 생각했다. 데카르트는 정신이나 영혼을 버릴 생각은 전혀 없었고, 마음은 육체와 영혼의 연결고리에 사로잡혀 있었다. 그럼에도 그는 불꽃을 피하는 것과 같은 사람들의 무의식적인 반사 작용을 설명할 때, 생각은 필요 없고 신경을 통해 흐르는 '동물적 충동animal spirit'과 가해진 압력으로 일어나는 움직임이라는 측면에서 설명했다.

더 자세한 관찰

1600년경에 발명된 현미경 덕분에 의학계는 신체 구조를 더 자세히 관찰할 수 있게 되었다. 다양한 종류의 세포, 정자, 박테리아, 폐포의 미세한 구조 등 체액에 관한 생각을 뒷받침하는 데 아무 도움이 되지 않는 것들이 풍부하고 빠르게 세상에 드러났다. 모세혈관과 폐포의 발견은 혈액 순환에 관한 하비의 설명을 뒷받침했다. 아이작 뉴턴은 광학의 관점에서 눈의 작용을 설명했다. 신체의 마법이 일반적인 현상으로 풀리고 설명되었다. 이런 진전이 어떤 사람들을 초조하게 만들었다.

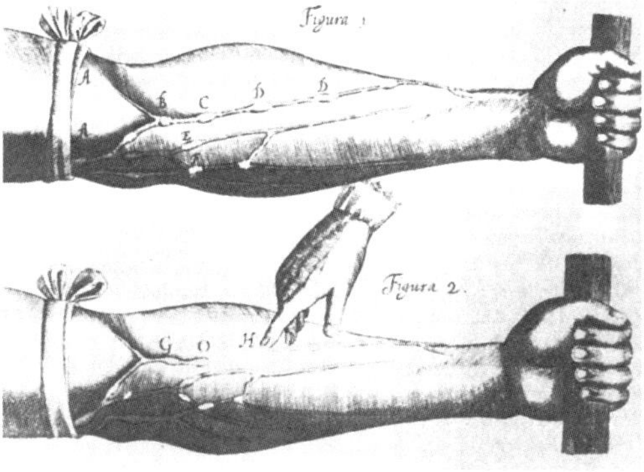

하비는 혈류가 막히면 정맥이 부풀어 오른다는 것, 따라서 혈액은 심장으로 돌아가기 위해 동맥에서 정맥으로 이동한다는 사실을 증명했다.

스팔란차니는 새들에게서 부분 소화된 먹이를 꺼냈다.

기계적 모델에서 화학적 모델로

일부 신체 시스템은 기계적 모델에 따라 설명할 수 있었지만, 소화는 여전히 수수께끼였다. 과학자들은 소화가 소화관에서 음식을 분해하는 순수한 기계적 과정인지, 아니면 본질적으로 화학적인 과정인지를 놓고 논쟁을 벌였다. 다른 신체 시스템은 화학 반응의 관점에서 볼 수 없었으므로 이 문제는 꽤 새로운 출발이 필요했다. 몇몇 실험으로 화학에 유리한 쪽으로 논쟁이 끝났다.

프란체스코 레디Francesco Redi(1626~1698)는 첫 번째 실험에서 가금류의 모래주머니가 강력하게 음식을 갈 수 있다는 사실을 발견했다. 하지만 인간은 모래주머니가 없다. 1752년 르네 드 레오뮈르René de Réaumur는 음식 조각을 구멍이 뚫린 작은 금속관에 넣고 줄에 단 다음 길든 솔개가 삼키도록 했다. 이후 새에게서 빼내니, 레오뮈르는 고기가 부분적으로 소화되었지만, 금속관은 손상되지 않았다는 사실을 발견했다. 이 실험은 라차로 스팔란차니Lazzaro Spallanzani가 반복하고 크게 확장했다. 그는 다양한 새와 동물을 실험했다. 레오뮈르와 마찬가지로 그는 위에서 꺼낸 위액이 음식을 분해할 수 있다는 사실을 발견했다.

인간을 대상으로 한 실험으로 1822년 미국의 의사 윌리엄 보몬트William Beaumont가 부상당한 프랑스계 캐나다인 사냥꾼을 대상으로 한 실험이 있다. 그의 환자는 복부에 심한 상처를 입었지만 예상과 달리 회복되었다. 보몬트는 상처로 인해 생긴 구멍을 통해 위에 음식물을 공급하고, 여러 소화 단계에서 음식물은 물론 연구를 위한 위액을 꺼내는 소화 실험을 했다. 이 실험에서 그는 위 근육의 연동 운동이 소화를 돕지만, 위산이 소화의 주원인이라는 사실을 결정적으로 발견했다.

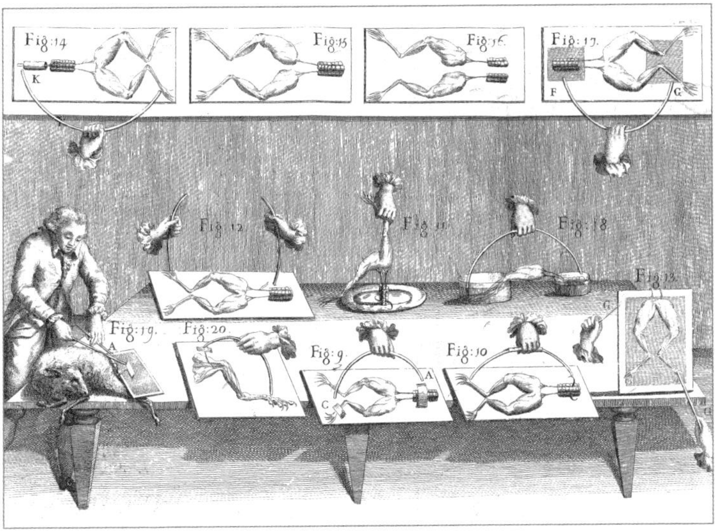

갈바니의 개구리 다리 실험.

신경 에너지

신경은 더 많은 도전 과제를 제시했다. 아무도 신경을 흐르는 액체를 찾을 수 없었지만, 신경이 신체의 모든 부분을 뇌와 척수에 연결하는 것은 분명했다. 초기 이론들은 이른바 '풍선baloonist' 모델을 선호했다. 이 모델은 근육을 수축시키고 움직이게 하기 위해 근육을 팽창시키는 액체나 기체를 신경이 전달한다는 것이다. 신경 전달에서 전기의 역할은 1771년 루이지 갈바니Luigi Galvani가 발견했다. 그는 떼어낸 개구리 다리에 전류를 통하면 살아 있는 것처럼 경련을 일으킨다는 사실을 발견했다. 신경이 전자를 통과시키는 이온 형태로 전류를 전달했다는 것이 밝혀졌다. 신경의 전기화학적 작용은 1930년대에 완전히 밝혀졌다.

다시 균형 모델로

신체 균형을 유지하는 데 대한 현대적인 관점은 신체 내부의 체온, 화학적 성분 등이 모두 균형을 이루도록 조절하는 항상성恒常性, homeostasis이다. 1865년 클로드 베르나르Claude Bernard가 처음 주창한 이 관점은 이름이 정해지지는 않았지만, 생명체의 신체 상태를 최적으로 유지하기 위한 유기체의 자기 조절 메커니즘을 설명한다. 이것은 체온과 수소이온지수, 즉 페하지수pH, 그리고 많은 화학적 균형을 유지하는 것을 말한다. 신체는 환경 조건을 감지하고, 감지된 정보를 뇌에 전달하고, 뇌는 다시 신체 각 부분에 적절한 신호를 보내서 불균형을 바로잡는다. 이는 대부분 내분비계를 통해 이루어지는 화학적 균형의 문제다. 그 효과는 종종 세포 수준에서 나타나

의대생들을 가르치는 클로드 베르나르.

는데, 네 가지 체액 또는 여러 유형의 신체 에너지 균형을 유지하는 것과는 사뭇 다르다. 이것은 신체를 계속 작동하게 하는 기계적, 화학적, 생체 전기적 과정이 혼합된 매우 복잡한 과정에 대한 더 폭넓은 이해 과정이다.

23

지구 생명의 기원
자연 발생론

지구는 현미경으로만 볼 수 있는 미생물에서 거대한 나무와 지구상에서 가장 큰 동물인 대왕고래(흰긴수염고래)에 이르기까지 다양한 생명체로 가득 차 있다. 이들은 모두 어디서 나온 것일까?

우리는 정확히 지구상에 몇 종의 생물이 있는지 모른다. 최근의 한 추정치에 따르면 870만 종이라고 하지만 1조까지 늘어날 수도 있고, 그중 대부분은 미생물일 것이다. 이것들은 수십억 년 진화의 산물이지만, 모두 단순한 미생물 종류에서 시작되었다. 지구상의 첫 생명체가 언제, 어디서, 어떻게 그리고 왜 시작되었는지를 포함해서 우리가 지구상의 최초 생명체에 대해 모르는 것이 많다. 아무튼 무언가가 생명이 없는 무생물에서 생물체로 도약하게 했다. 이 과정을 '자연 발생abiogenesis'이라고 한다.

중요한 질문, 생명이란 무엇인가?

'생명'에 대한 철저하고 일반적으로 합의된 정의가 없으면 생명의 기원이라는 문제를 풀 수 없다. 상당히 기본적인 정의에 따르면 생물은 스스로 번식할 수 있어야 하고 환경에서 에너지를 얻어서 성장하고 번식해야 한다고 한다. 버섯이나 얼룩말 등이 이런 정의에 부합한다는 것은 명백하다. 미생물조차도 이 정의에 따른다는 것이 분명하다. 하지만 바이러스는 어떨까? 사는 걸까, 아닐까? 바이러스는 스스로 번식할 수 없다. 숙주 세포의 기관을 탈취해서 자신을 복제해야 한다. 많은 과학자는 바이러스를 생물과 무생물의 경계에 있다고 생각한다. 그 경계는 흥미로운 지점이다. 우리의 생화학적 조상들도 언젠가 그 경계를 넘었을 것이기 때문이다.

가장 초기에 알려진 생명체 중에는 스트로마톨라이트stromatolite(녹조류 활동으로 생긴 얇은 판 모양의 석회암)를 만든 미생물이 있다.

화학에서 온 생물학

생명이 어떻게 시작되었는지 몇 가지 추측이 있다. 모든 가능성에는 자기 복제를 할 수 있는 화학물질을 생성하는 에너지원이 있어야 한다. 자기 복제 화학물질은 모든 생명체의 중심이다. DNA는 세포가 분열할 때마다 자기 복제된다. 이 과정을 진행하기 위한 에너지는 물웅덩이에 치는 번개, 심해 분출구에서 나오는 지열, 또는 햇빛 등에서 나왔을 것이다.

생명의 불꽃?

1953년의 유명한 실험에서 화학자 해럴드 유리Harold Urey와 스탠리 밀러Stanley Miller는 초기 지구 조건을 재현해서 그 당시 지구 대기에서 얻을 수 있었을 것으로 생각하는 화학물질에서 아미노산(153쪽 상단 참조)을 만들 수 있는지 알아보려고 했다. 이들은 초기 지구 대기를 모방하기 위해 가스를 혼합해서 이를 번개처럼 전기로 때렸다. 이들은 아미노산을 만드는 데 성공했는데, 사실상 이들이 깨달은 것보다 더 많은 것을 발견했다. 50년 후에 유리와 밀러의 표본을 연구한 과학자들이 이들이 기록한 것보다 더 많은 것을 발견했기 때문이다. 1958년에 한 두 번째 실험에서 이들은 황화수소와 이산화탄소를 포함한 다른 가스 조합을 사용했다. 이 조합은 활화산 주변에서 발견할 수 있었다. 이 조합은 23개 아미노산과 4개 아민amine 등 생명과 관련된 더 많은 화학물질을 만들어 냈다. 이 실험은 아미노산이 처음에 이렇게 만들어졌다는 것을 증명하지는 못했지만, 대기 중의 가스에서 만들어질 수 있다는 것을 증명했다.

찰흙에서 시작?

또 다른 가능성은 유기 분자가 찰흙 결정체에 달라붙으면서 복제가 시작되었다는 생각이다. 결정 구조는 무기화학물질들의 견고한 구성을 보여준다. 유기화학물질들이 찰흙을 복제 매체로 효과적으로 사용하고, 나중에 자기 복제를 자유롭게 반복할 수 있었을 것이다.

안쪽에 갇히다

최초의 자기 복제 화학물질이 생겨났지만, 생명체를 만들기 위해서는 초기의 물이나 대기에서 단순한 화학물질 이상이 되어야 했다. 한 가지 가능성은 어떤 물질이 물을 싫어하는(소수성) 말단과 물을 좋아하는(친수성) 말단을 가진 특별한 종류의 분자 캡슐 안에 갇혔다는 가정이다. 친수성 말단은 물과 접촉하고 소수성 말단은 모두 안으로 숨기 때문에 이 분자들은 자연적으로 물속에서 구체球體를 형성하게 된다. 만약 이 분자들이 이중으로 층을 형성한다면 이들은 물방울을 가둘 수 있는 벽을 만들게 된다. 소수성 꼬리는 벽의 가운데 쪽을 향

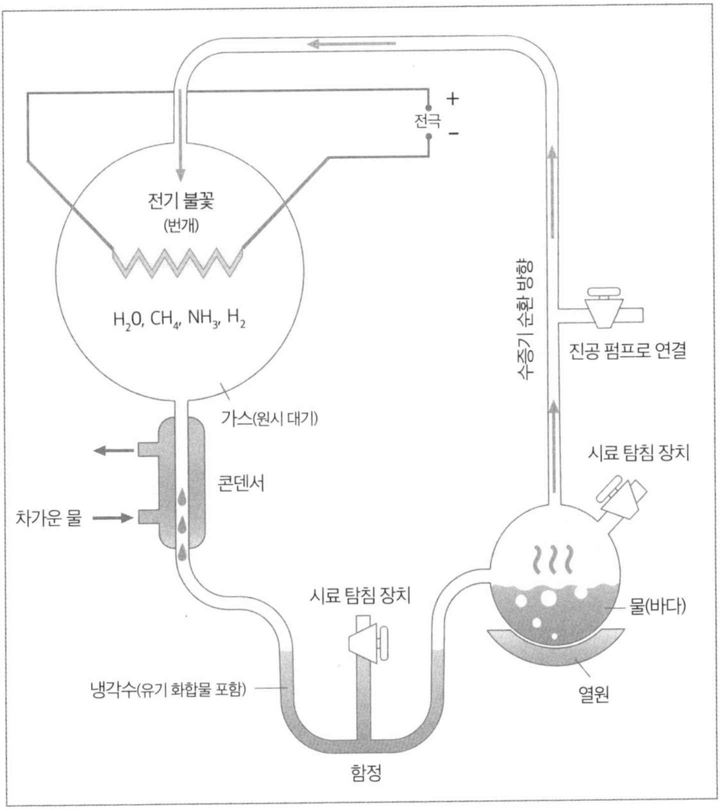

밀러-유리 실험에서 사용한 장비.

하고 친수성 머리는 캡슐 내부 또는 외부의 물 쪽으로 향하는 구조가 된다.

만약 갇힌 물에 자기 복제 화학물질이 포함되어 있다면 이것은 매우 간단한 종류의 세포 원형을 형성할 것이다. 내부가 외부의 물로부터 분리되어 있는 캡슐은 캡슐 벽을 늘리고 내부의 화학물질들이 자기 복제하며 자랄 수 있다. 캡슐이 너무 커져서 불안정해지면 둘로 갈라진다.

닭과 달걀, 과연 이들의 순서는?

이제 모든 생명체는 DNA를 사용해서 유전 정보를 저장하고 번식한다. DNA는 아미노산을 배열해 단백질을 만드는 방법을 세포에 알려주는 코드를 저장한다. 하지만 DNA는 단백질 없이는 형성될 수 없다. 이 순서가 어떻게 시작되는지는 알기 어렵다. 한 가지 가능성은 효소로 작용할 수 있고 DNA가 할 수 있는 것처럼 정보를 저장할 수 있는 RNA와 같은 화학물질에서 생명체가 시작되었다는 것이다. RNA는 DNA와 단백질 자체의 기능을 모두 수행할 수 있다. 일부 과학자들은 DNA 기반 생명체 이전에 'RNA 세계'가 존재했다고 생각한다. 그리고 아마도 우리가 RNA 세계에 도달하기 전에 화학적인 과

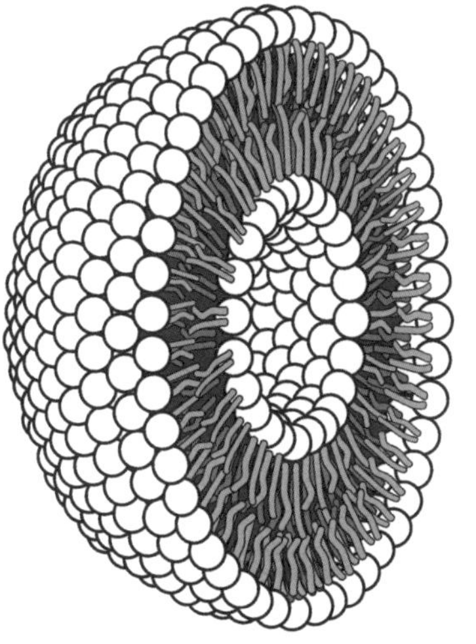

벽 속에 소수성 말단을 숨기고 있는 두 개의 분자 층으로 만들어진 캡슐의 단면. 작은 주머니Vesicle.

정을 시작한 더 단순한 또 다른 생명체가 존재했을 수도 있다.

외계로부터?

또 다른 가능성은 생명체가 지구에서 시작된 것이 아니라 운석을 타고 우주에서 지구로 전해졌다는 것이다. 아미노산이 소행성과 혜성의 운석에서 발견되었다. 만약 어떤 종류의 미생물이나 생명체에 중요한 화학물질이 우주에서 온 것이라면 '생명체가 어떻게 시작되었는가'라는 질문에는 답하지 못한다. 단지 생명체가 한 곳에서 다른 곳으로 이동했을 뿐이기 때문이다.

화학 세트

모든 생명체는 유기화학물질로 이루어져 있다. 즉 수소와 결합한 탄소를 함유하고, 일반적으로 산소, 질소, 인 등 다른 원소를 포함하는 화학물질이다. 이 유기화합물 중 많은 것은 매우 큰 분자를 가지고 있다. 가장 중요한 종류 중 하나는 단백질이다. 단백질은 아미노산이라고 불리는 더 작은 단위로 이루어진 크고 복잡한 분자다. 500개 이상의 아미노산이 있지만, 유전적 특징과 관련된 아미노산은 21개에 불과하다.

24

합치거나 나눠서 에너지를 생산하다
핵융합과 핵분열

중세 연금술사들은 한 원소 금속을 다른 원소 금속으로 바꾸는 것을 꿈꿨다. 사람들은 오랫동안 이를 불가능하다고 여겼다. 마찬가지로 원자의 '나눌 수 없는' 성질도 의심의 여지 없이 받아들였다. 하지만 방사성 붕괴가 실제로 한 원소를 다른 원소로 바꾸고 원자를 분열시킨다는 사실을 발견하면서 이런 믿음은 모두 무효가 되었다.

원자가 분열해서 다른 원소가 될 수 있을 뿐만 아니라, 이는 항상 일어나는 것으로 밝혀졌다. 마찬가지로 원자들이 한데 합쳐서 다른 원소가 될 수도 있으며, 별들도 이런 과정을 통해 생성된다. 핵분열(원자를 나누는 과정)과 핵융합(원자를 합치는 과정)은 별을 생성하고 세상을 파괴할 정도로 엄청난 양의 에너지를 생산하는 과정이다.

중성자는 새로운 물질이다

1932년 제임스 채드윅James Chadwick은 원자핵에서 전하를 띠지 않은 입자인 중성자를 발견했다. 이듬해 엔리코 페르미Enrico Fermi와 레오 실라르드Leo Szilard는 중성자로 원자를 분해하고, 이 과정에서 방출된 중성자를 사용해서 더 많은 원자를 분해하는 핵 연쇄 반응을 일으킬 수 있다고 제안했다. 핵 연쇄 반응으로 생기는 에너지는 무기나 전력을 생산하는 원자로에 사용할 수 있다.

원자 분열시키기

1938년 베를린에서 오토 한Otto Hahn과 리제 마이트너Lise Meitner, 프리츠 슈트라스만Fritz Strassman이 처음으로 핵분열에 성공했다. 이들은 우라늄에 일련의 중성자로 충격을 가하면 우라늄 원자가 크립톤krypton과 바륨barium 같은 가벼운 원자로 분열되면서 더 많은 중성자와 많은 양의 에너지가 방출된다는 것을 증명했다. 이때는 2차 세계대전이 시작되기 직전이었고, 세 명의 과학자는 단호하게 자신들의 연구가 무기를 만드는 데 사용되어서는 안 된다고 생각했다. 독일과 오스트리아의 유대인 과학자들이 핵분열 비밀을 가지고 독일에서 탈출했다. 결국 이는 미국에서 무기화되기에 이르렀다. 부분적으로는 나치 독일이 이미 핵무기를 개발하고 있다는 상당한 두려움이 있었기 때문이다. 1942년 페르미와 그의 동료들은 최초로 통제된 연쇄 반응을 일으켰다. 곧이어 맨해튼 계획Manhattan Project(2차 세계대전 중 미국 육군의 원자폭탄 개발 계획)에 따라 핵 연쇄 반응을 무기화하는 작업을 시작했고, 히로시마와 나가사키 원자폭탄 투하까지 이어졌다.

현재 핵 연쇄 반응은 주로 원자력 발전소에서 가정 난방과 공장 가동에 필요한 엄청난 양의 에너지를 생산하는 데 사용된다. 소형 핵 배터리는 핵잠수함과 다른 행성으로 보내는 탐사선에 사용된다. 하지만 우리는 구소련 체르노빌 핵발전소 폭발 사고와 미국 롱아일랜드의 브룩헤이븐 국립연구소 삼중수소tritium 유출 사고와 같은 재난

오토 한과 리제 마이트너.

이 일어난 뒤에야 비로서 얼마나 많은 에너지가 관련되어 있고 그 물질들이 얼마나 위험할지 떠올리게 된다.

원자 합치기

핵융합 과정은 태양을 포함한 별들에 동력을 공급한다. 별 중심부의 강한 중력과 열에 의해 원자들은 한데 융합된다. 처음에는 수소 원자

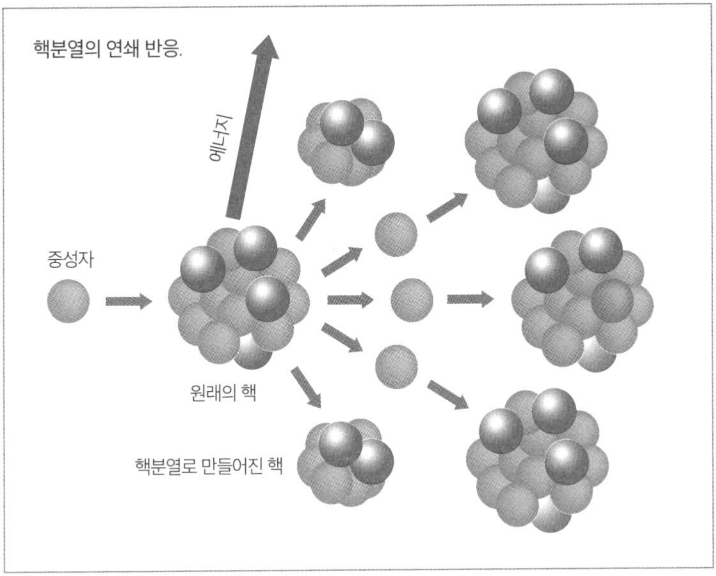

첫 번째 핵분열 과정에서 방출된 중성자는 다른 핵에 영향을 미쳐 추가 핵분열을 시작한다.

가 융합해서 헬륨을 형성하는 수소 융합이 일어난다. 수소 원자 4개의 질량은 이들이 형성하는 헬륨 원자 1개의 질량보다 약간 크다. 여분의 질량은 에너지로 방출된다. 태양에서 융합으로 방출된 광자는 천천히 태양 표면으로 이동해서 햇빛과 태양열을 형성하는 방사선으로서 우주 공간으로 흘러간다.

태양 중심핵의 조건은 극단적이다. 지구상에서 재현할 수 있는 어떤 온도와 압력보다도 더 높다. 핵융합을 일으키려는 시도는 곧 수소를 융합해서 엄청난 힘을 얻을 수 있는 수소폭탄 제작을 목표로 했다. 그 이후로 핵융합을 전력 공급의 기반으로 사용하려는 시도가 있었지만, 지금까지 생산성이 없었다. 1991년에 처음으로 상당히 생산성 있는 반응이 만들어졌지만, 실제로 이것이 유용하려면 더 낮은 온도와 압력에서 일어나는 '저온 핵융합 방식cold fusion'이 필요하다. 핵융합은 동력원으로서 핵분열보다 더 바람직하다. 핵분열보다 훨씬 더 많은 에너지를 생산할 뿐만 아니라 위험한 핵폐기물도 덜 생산하기 때문이다.

핵융합이 우주를 만든다

인류의 핵융합 시도는 수소와 그 변형인 중수소deuterium와 삼중수소tritium에서 시작한다. 마찬가지로 별의 형성도 수소 융합으로 시작한다. 하지만 대부분의 수소를 다 사용하고 나면 수소 원자들 사이의 충돌이 너무 적어서 이 과정을 계속할 수 없게 된다. 그러면 수소 융합으로 만들어진 헬륨이 융합되기 시작한다. 이 과정이 진행되면 탄소와 산소 등 점점 더 무거운 원소들이 만들어진다. 별들은 철과 같은 원소까지 만들 수 있다. 그 후 핵융합에는 방출되는 에너지보다 더 많은 에너지가 필요하기 때문에 별 중심부에서는 핵융합이 일어나지 않는다.

아주 큰 별은 융합할 원소가 다 떨어지면 엄청난 초신성 폭발을 일으킬 수 있다. 별이 제대로 기능하는 동안에는 융합으로 방출된 광자로부터 생성되는 충분한 압력이 별의 모든 부분에 가해지는 중력을 상쇄한다. 핵융합이 멈추면 중력에 대항하는 압력은 사라지고, 압도적인 중력이 별의 모든 부분을 중심 쪽으로 끌어당긴다. 하지만 이렇게 끌어당긴 물질이 더 이상 갈 곳이 없게 되고, 그 결과 모든 물질이 다시 바깥쪽으로 튕겨 나가면서 별이 해체되는 거대한 폭발이 일어난다. 이 폭발은 기능하는 별의 중심핵보다 훨씬 큰 압력과 열을 발생시킨다. 이 순간 철이 융합되어 더 무거운 원소들이 생성될 수 있다. 이 원소들은 별이 수명을 다할 때까지 만들어진 물질과 함께 우주로 던져져서 미래의 별들 주위를 도는 행성을 만드는 재료가 된다. 수소 원자를 제외하고 우리 몸의 모든 원자는 별이나 초신성 속에서 융합되었다.

에너지가 나오는 곳

아인슈타인의 방정식 $E=mc^2$은 에너지(E)와 물질(질량, m)이 궁극적으로 같다는 것을 보여준다. 물질이 파괴되면서 방출되는 에너지의 양(E)은 질량(m)에 빛 속도의 제곱(c^2)을 곱한 값으로 엄청난 양이다. 원자들이 분리되면서 생성되는 물질의 질량은 원래의 우라늄 원자 질량보다 약간 작다. 그 차이는 에너지로 방출된다. 이 질량 차이는 작지만, 빛 속도의 제곱을 곱하면 엄청난 에너지가 된다.

25

우주의 다크 포스
암흑 물질과 암흑 에너지

우리가 보는 밤하늘은 대부분 어둠, 즉 별들 사이에 아무것도 없는 어두운 우주 공간이다. 하지만 이 어둠은 얼마나 공허할까? 우리가 볼 수 있는 별들이나 다른 천체들은 우주의 아주 작은 부분이라는 사실이 밝혀졌다. 하지만 나머지가 무엇인지는 불분명하다.

우리는 어떻게 알까?

천문학자들이 우주에 우리가 알 수 없는 보이지 않는 물질이 많이 있다고 확실히 말할 수 있다는 것이 이상하게 보일지도 모른다. 그것이 무엇인지, 어디에 있는지는 모르지만, 있는 것은 확실하다고 생각한다. 과연 어떻게 확신하는 것일까?

우주에는 성단을 이루는 수십억 개의 은하가 있다. 이 은하들은 회전하며, 그 속도는 성단의 질량 분포에 따라 달라진다. 은하의 위치와 질량을 연구함으로써 성단의 회전 속도를 예측할 수 있다. 1930년대에 스위스 천문학자 프리츠 츠비키Fritz Zwicky는 수억 광년 떨어진 코마Coma은하단의 회전을 연구했다. 츠비키는 방출되는 빛으로 판단할 때 은하단이 그곳에 있는 것으로 보이는 물질의 질량에 비해 너무 빠르게 회전한다는 사실을 발견했다. 그는 눈에 보이지는 않지만, 그곳에 있을 것으로 보이는 물질을 '암흑 물질dark matter'이라고 했다.

40년 후 미국의 천문학자 베라 루빈Vera Rubin은 은하단뿐만 아니라 개별 은하들도 이들이 가지고 있는 것으로 보이는 질량에 비해 더 빠른 속도로 회전한다는 것을 보여주었다. 만약 이런 은하들과 성단들의 질량이 우리가 볼 수 있는 것보다 훨씬 더 크지 않다면, 이들이 회전하는 속도에서 이들은 찢어져서 흩어져야 한다. 천문학자들의 계산에 따르면 성단에 존재하는 물질은 우리가 아는 것보다 5~6배 더 많은 것으로 보인다. 따라서 은하단에 있는 물질의 약 20%는 별이나 다른 알려진 천체의 형태이며, 80%는 알려지지 않은 다른 형태다.

잃어버린 물질을 찾아서

만약 우주 공간이 우리에게 보이지 않는 물질로 가득 차 있다면, 필연적인 질문은 '그것이 무엇일까?'이다. 몇 가지 가능성이 있다. 이것이 평범한 물질인데 가시광선을 방출하지 않기 때문에 우리가 볼 수 없는 것일 수도 있다. 이는 갈색왜성brown dwarf이나 백색왜성white dwarf, 중성자별neutron star, 혹은 블랙홀일 수 있다. 갈색왜성은 수소를 헬륨으로 융합해서 빛과 열을 낼 만큼 커지지 않은 실패한 별이다. 백색왜성은 핵융합 과정을 마치고 빛과 열을 방출하지 않는 중소형 항성의 식어가는 핵이다. 중성자별은 초신성이 폭발한 거대한 별들의 초고밀도 잔해다. 블랙홀보다 밀도가 약간 낮은 이들 역시 빛을 방출하지 않는다. 블랙홀은 우리에게 허공으로 보이고 중력장이 매우 강한 영역으로, 우주에서 가장 밀도가 높은 것으로 알려진 영역이다. 이 설명의 문제는 갈색왜성과 백색왜성, 중성자별, 블랙홀이 사라진 질량을 모두 설명할 만하지 않다는 것이다. 사라진 질량은 우리가 볼 수 있는 물체 총질량의 4배가 되어야 한다.

또 다른 가능성은 암흑 물질이 우리가 아직 발견하지 못한 입자들로 이루어져 있다는 것이다. 이론 물리학에서 예측했지만, 아직 발견되지 않은 입자들이 있다. 이 입자 중 일부는 스위스 제네바 근방의 유럽입자물리학연구소CERN에서 만든 강입자충돌기Large Hadron Collider에서 생성될 수 있지만, 이 충돌기에서 감지하지는 못한다. 순간적으로 존재했다가 사라지는 이 입자들은 시스템 내에서 없어진 물질과 에너지로 계산할 수 있다. 사라진 질량을 이룰 만큼 충분한 양이 있을 수 있을까? 한 이론은 이른바 '숨은 계곡hidden valley'이 존재한다고 주장한다. 이는 완전히 암흑 물질로 이루어져 있고, 우리가 볼 수 있는 우주와의 상호작용이 거의 없거나 전혀 없는 평행 우주를 말한다.

보이지 않는 물질 찾기

천문학자들이 암흑 물질을 발견하기 위해 시도해 볼 수 있는 방법은 감마선 방사 섬광을 감지하는 것이다. 이것은 가시광선보다 파장이 훨씬 짧고 에너지가 매우 큰 방사선이다. 암흑 물질 입자가 서로 충돌하면서 감마선 섬광을 방출할 가능성이 있다. 이는 2008년에 발사된 페르미 감마선 우주 망원경Fermi Gamma-Ray Space Telescope으로 감지할 수 있다.

암흑 물질이 존재하는 곳을 알아내는 또 다른 방법은 '중력 렌즈gravitational lensing'라는 기술을 사용하는 것이다. 이는 1919년 아인슈타인이 예측하고 증명한 빛이 중력에 의해 휘어진다는 사실을 이용한다(61쪽 하단~62쪽 상단 참조). 암흑 물질이 농축된 블랙홀이나 항성과 같은 매우 크고 무거운 물체는 빛을 굴절시켜 물체가 실제 위치에서 벗어난 것처럼 보이게 한다.

물질뿐만 아니라 에너지도

천문학자들이 찾는 것은 비단 암흑 물질만이 아니다. 훨씬 더 큰 부족분이 있다. 현재 우주의 약 67%가 암흑 에너지로 구성되어 있다고 여겨진다(275~276쪽 아인슈타인의 일반 상대성 이론은 에너지와 질량이 어떻게 상호 교환할 수 있는지 보여준다). 암흑 에너지를 아인슈타인의 방정식에 더하면 암흑 물질을 포함하지 않는 평범한 물질은 실제로 우주의 약 5%밖에 차지하지 않는다는 결론이 나온다. 우주 대부분은 완전히 깜깜한 미스터리로 남아 있다.

암흑 에너지에 대한 첫 번째 증거는 1998년 허블 우주 망원경의 자료에서 나왔다. 이 망원경은 초신성(폭발한 별)의 잔해를 찾고 있었는데, 그중에서 아주 오래되고 멀리 떨어진 초신성 6개를 발견했다. 그중 하나는 처음으로 암흑 에너지에 대한 인식을 불러일으켰다. 초신성 1997ff는 100억 광년 떨어져 있다. 이것에서 나온 데이터를 분석한 결과 우주 팽창이 약 70억 년 전에 속도를 내기 시작했다는 사실이 밝혀졌다. 팽창이 가속할 수 있는 유일한 방법은 어떤 힘이 그 물질을 적극적으로 밀어내는 것이다. 그 힘을 '암흑 에너지dark energy'라고 부르며 중력과 반대 방향으로 작용한다. 그럴듯한 설명은 약 70억 년 전에 물질이 너무 많이 흩어져서 중력이 더 이상 모든 물질을 단단히 고정시키지 못하고 암흑 에너지가 우세해서 우주 팽창이 더

아벨Abell 1689 은하단 사진에 있는 흐린 부분은 밀도가 높은 암흑 물질의 영역이다. 이는 중력 렌즈 이미지로부터 매핑되었다(하지만 보통 상황에서는 볼 수 없다). 밝은 물체는 각각 수십억 개의 별이 모인 은하다. 아벨 성단은 지구에서 20억 광년 이상 떨어져 있다.

빨라졌다는 것이다.

암흑 에너지는 균일하게 분포되어 있어 은하를 일정한 비율로 밀어내지만, 은하와 성단 내 중력에 국부적인 영향을 미치지는 않는 것으로 보인다.

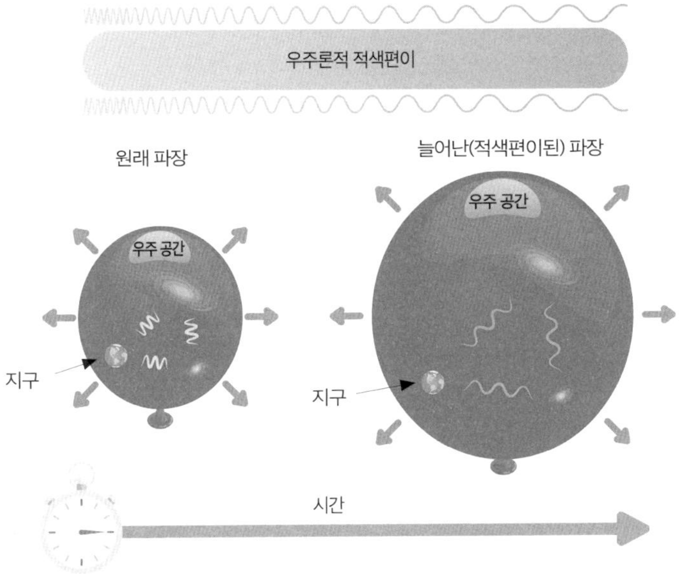

시간이 지남에 따라 지구와 멀리 떨어진 은하 사이의 우주 공간이 확장되고 암흑 에너지는 이 위치를 점점 더 멀어지게 만든다. 팽창하는 우주는 두 물체 사이를 이동하는 빛의 파장도 길어지게 해서 적색편이가 발생한다.

불편한 종말?

중력과 암흑 에너지의 상호작용을 보고 천문학자들은 세 가지 우주 종말 가능성을 생각한다. 한 가지 가능성은 암흑 에너지가 한계에 도달해서 우주의 가속이 멈출 것이라는 가설이다. 이 시점에서 중력이 암흑 에너지의 힘을 이겨내고 모든 물질을 다시 하나로 끌어들여 궁극적으로 또 다른 빅뱅이 될 수 있는 '빅 크런치Big Crunch'를 만들어 낼 수 있다. 또 다른 가능성은 우주 팽창이 영원히 계속되지만, 더 천천히 진행되리라는 가설이다. 이에 따르면 마침내 모든 물질은 에너지로 분해된다. 이 시나리오는 우주의 '열 죽음heat death'이라고 불린다. 마지막으로 암흑 에너지가 중력을 이겨내고 궁극적으로 은하, 별들 그리고 심지어 원자들이 뒤틀릴 때까지 더 빠른 팽창을 일으킬 수도 있다. 이것을 때로는 '빅 립Big Rip'이라고 부른다. 하지만 이 모든 것은 곧 닥쳐올 걱정이 아니다. 셋 중 어느 것도 앞으로 300억 년 정도는 일어나지 않을 것으로 보인다.

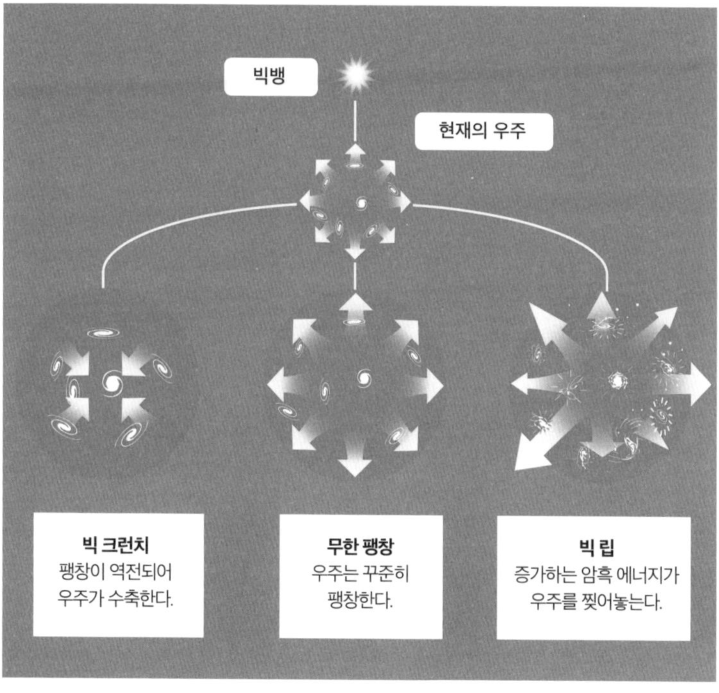

우주의 운명.

적색편이, 청색편이

천문학자들은 천체들로부터 오는 빛을 조사하면서 우리 쪽으로 오고 있는지 아니면 우리에게서 멀어지고 있는지를 알 수 있다. 우리에게서 멀어지는 물체의 빛은 적색편이가 나타난다. 이는 파장이 더 긴 스펙트럼의 적색 끝과 적외선 쪽으로 이동한다는 것을 의미한다. 우리와 물체 사이의 공간이 넓어짐에 따라 이미 물체를 떠난 빛의 파동이 늘어나기 때문이다. 우리에게 접근하는 물체에서 나오는 빛은 청색편이가 발생한다. 서로 가까워지는 파동은 더 짧은 파장을 만들어 낸다. 초신성은 항상 같은 양의 빛을 방출한다. 이는 천문학자들이 이들의 겉보기 밝기를 보고 이들이 얼마나 멀리 떨어져 있는지를 알아내기 쉽게 한다. 이들이 방출하는 빛의 적색편이를 보고 그 시간 동안 우주의 팽창 속도를 알아낼 천문학자들은 천체들로부터 오는 빛을 조사하면서 우리 쪽으로 오고 있는지 아니면 우리에게서 멀어지고 있는지를 알 수 있다. 우리에게서 멀어지는 물체의 빛은 적색편이가 나타난다. 이는 파장이 더 긴 스펙트럼의 적색 끝과 적외선 쪽으로 이동한다는 것을 의미한다. 우리와 물체 사이의 공간이 넓어짐에 따라 이미 물체를 떠난 빛의 파동이 늘어나기 때문이다. 우리에게 접근하는 물체에서 나오는 빛은 청색편이가 발생한다. 서로 가까워지는 파동은 더 짧은 파장을 만들어 낸다. 초신성은 항상 같은 양의 빛을 방출한다. 이는 천문학자들이 이들의 겉보기 밝기를 보고 이들이 얼마나 멀리 떨어져 있는지를 알아내기 쉽게 한다. 이들이 방출하는 빛의 적색편이를 보고 그 시간 동안 우주의 팽창 속도를 알아낼 수 있다. 그래서 천문학자들은 멀리 떨어진 초신성들을 비교하며 시간이 지남에 따라 팽창 속도가 어떻게 변했는지 설명할 수 있다.

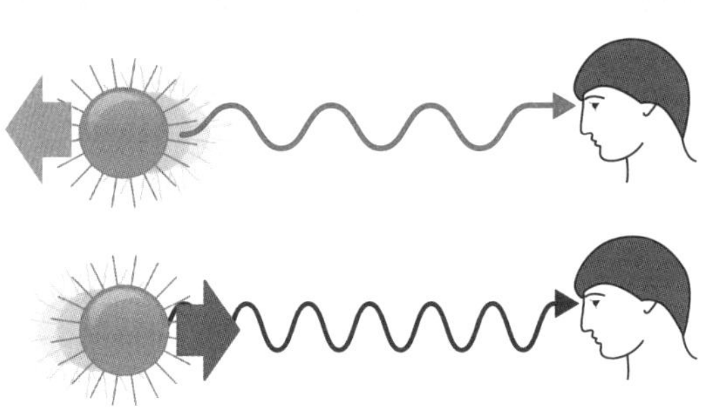

26

지표면에서 지구 핵까지
지구의 구조

우리가 살고 있는 지구의 표면은 끓는 암석과 금속을 덮고 있는 수천 킬로미터의 얇은 지각이다. 우리는 지각을 넘어 파 내려갈 수는 없지만, 우리 행성의 내부 구조에 대해 많은 것을 배웠다.

거주할 수 있는 지표면

지구의 지각은 단단한 암석과 바다, 가스 질의 대기로 덮인 매우 얇은 층이며, 이것이 우리가 정확하게 아는 전부다. 지각의 두께는 해저 약 10㎞ 아래까지와 지하 평균 35㎞ 아래까지다. 지각은 산 아래에서 50㎞까지로 더 두껍고 일부 심해 지역에서 가장 얇다. 전체적으로 지각은 지구 부피의 1% 미만을 차지한다. 이곳은 우리가 살고 있는 취약한 영역이다.

지구가 형성된 후 화산에서 수증기를 포함한 기체들이 쏟아져 나오는 동안 지표면은 차가운 공간과 접촉하면서 냉각되었다. 물은 구름으로 응축되고 수백만 년 동안 비가 되어 내려 바다를 이루었다. 암석이 풍화되고 나중에 생물들이 지표면과 대기를 변화시키면서 지각에는 오늘날 우리 주변에서 발견되는 풍부하고 다양한 환경이 만들어졌다.

내부에는 무엇이?

우리 발아래 맨틀은 지각보다 훨씬 아래로 뻗어있으며 마침내 지구 핵과 만난다. 맨틀은 암석으로 이루어져 있고, 지구 핵은 대부분 금속으로 이루어져 있다. 맨틀과 지구 핵은 지구 역사 초기에 분리되었는데, 무거운 금속이 녹아 바위 입자 사이로 스며들어 중력에 의해 지구 중심 쪽으로 빨려 들어갔다. 지각은 활동적이고 변화가 많아서 45억 년의 지구 역사를 거치면서 상당히 바뀌었지만, 지구 내부는 지구 핵과 맨틀로 분화하기 시작한 이후 거의 변하지 않았다.

흘러내리는 바위

맨틀은 두껍고 점성이 있는 바위로 대류에 의해 천천히 휘저어진다. 지각 바로 아래에서는 1000℃까지 가열되지만, 2880㎞ 아래 지구 핵과의 경계 부근에서는 온도가 3700℃까지 올라간다. 마그마라고 불리는 이 끓는 바위는 지표면의 갈라진 틈으로 솟아 화산에서 분출된다. 맨틀은 지구 부피의 80% 이상을 차지한다. 맨틀은 매우 뜨겁지만 대부분 단단한 바위다. 어떤 곳에서는 이것이 더 유동적이어서 천천히 흐른다. 기어가듯이 천천히 흐르는 맨틀이 지각판을 잡아끌어 지표면이 계속 지구 둘레를 돌게 된다(177쪽 '갈라진 판' 참조). 이 운동은 아주 느려서 육지와 바다의 배열에 눈에 띄는 차이를 만드는 데 수백만 년이 걸린다.

맨틀은 전이대transition zone를 경계로 상부 맨틀과 하부 맨틀로 나

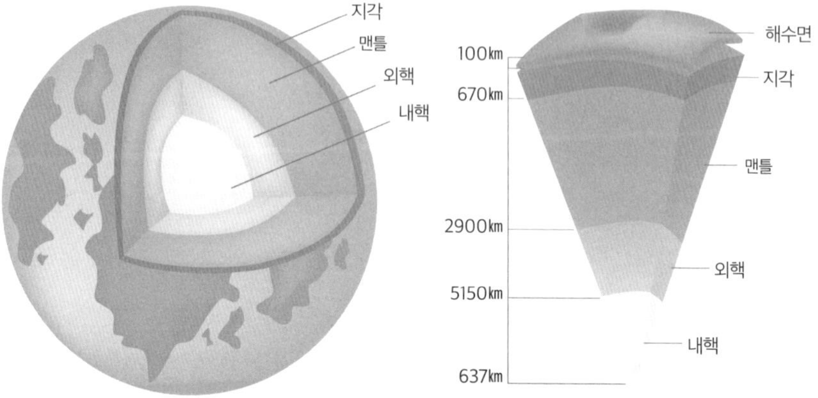

지구 내부 구조.

뉜다. 상부 맨틀의 맨 윗부분은 지각과 함께 단단한 암석층인 암석권lithosphere을 이룬다. 암석권 아래에 있는 훨씬 더 두꺼운 뜨겁고 반유동적인 암석층은 연약권asthenosphere이다. 상부 맨틀 내에서는 대류로 인해 열과 암석이 천천히 순환한다. 지구 핵에 의해 가열된 암석이 점차 위로 올라가고 그 자리를 채우기 위해 더 차가운 암석이 아래로 내려간다. 이 암석은 녹색 감람석, 붉은 석류석, 검은 휘석 등과 같이 대부분 실리콘과 산소를 포함한 규산염으로 이루어진다. 상부 맨틀과 하부 맨틀을 분리하는 전이대는 훨씬 더 두껍고 단단한 암석으로 이루어져 있다. 하부 맨틀은 전혀 움직이지 않거나 자체 대류를 하거나 상부 맨틀과 교류할 수 있다. 사실 아무도 잘 모른다. 하부 맨틀이 더 뜨겁지만, 아래로 누르는 강한 압력이 분자들이 움직일 공간을 없애고 바위를 단단하게 유지한다.

지구 핵까지

처음에 지구는 전체적으로 거의 균일하게 뜨거운 바윗덩어리였다. 남은 축적열accretion heat과 내부 깊숙한 곳의 방사능이 혼합되어 서서히 뜨거워지면서 마침내 철이 녹는 온도에 도달했다. 그러고 나서 지구는 분화하기 시작했다. 무거운 녹은 철은 중심 쪽으로 스며들고 가벼운 기체와 물은 표면으로 유출되어 그 사이에 암석이 남게 되었다.

지구 핵은 대부분 철과 니켈로 이루어져 있고 다시 층을 이룬다. 전체 두께가 약 3485㎞인 지구 핵은 외핵과 내핵으로 나뉜다. 지구 내부 온도는 변동한다. 이는 추정하기도 어렵고 측정은 불가능하지만, 4400~6000℃ 범위에 있는 것으로 보인다. 외핵은 두께가 2200㎞인 층이며, 온도는 4500~5500℃다. 외핵은 낮은 점성을 띠고 있기에 상당히 유동적이며 대류에 의해 휘저어진다. 외핵의 흐르는 금속은 지구 자기장을 생성한다(190쪽 참조).

지구에서 가장 뜨거운 영역은 외핵과 내핵 사이의 경계다. 여기 온도는 6000℃에 이르며, 이는 태양 표면만큼 뜨겁다. 이 경계 아래 내핵은 고체다. 다시 말하지만 그 압력은 대기압의 거의 360만 배로, 철과 니켈 원자가 액체로 움직이기에는 너무 크다. 내핵은 5200℃로 약간 덜 뜨겁다. 내핵의 안쪽도 철과 니켈로 이루어져 있으며, 여전히 고체일 것으로 보인다. 다른 점은 원자들이 내핵에 있는 원자들과 다른 방향(남북이 아닌 동서)으로 정렬되어 있다는 것이다. 이는 5억 년 전에 알려지지 않은 지질학적 사건에 의해 일어난 일일 수 있으며 대부분 미스터리로 남아 있다.

일어나지 않을 것이다

고체인 내핵은 지구가 서서히 식으면서 1년에 약 1㎜씩 자란다. 내핵은 외핵의 금속을 결정화함으로써 자란다. 하지만 이는 걱정할 만한 시나리오는 아니다. 지구가 다른 방법으로 종말을 맞이하기 전에 외핵 전체가 결정화될 시간은 없다. 내핵이 완전히 굳는 데는 약 910억 년이 걸리겠지만, 태양은 약 50억 년 후에 사라질 것이기 때문이다.

내부를 들여다보다

맨틀까지 드릴로 뚫고 내려가는 것은 불가능하다. 인간이 쓸 수 있는 모든 드릴은 지각에 제한되어 있다. 과학자들은 화산 폭발에서 지표면으로 표출된 물질을 살펴보고, 지진파(지진으로 생성된 에너지의 파동)가 어떻게 지구를 통과하는지 측정함으로써 지구 깊숙한 내부를 파악한다. 1936년 덴마크의 지진학자 잉에 레만Inge Lehmann은 7년 전 뉴질랜드 인근에서 발생한 대지진으로 인한 지진파를 분석하면서 단단한 지구 내핵을 발견했다. 파동의 전파 속도는 파동이 통과하는 물질의 구성과 그들 사이의 경계가 어디인지에 대해 많은 것을 알려준다.

잉에 레만.

기상천외한 내부 공간

지구 구조에 대한 초기의 다양한 생각들은 지구 속이 비어 있으며 아마도 다른 종족이 거기에 살고 있다는 것, 속에 지옥이 있다는 것, 또는 우리 발아래 땅을 관통하는 숨겨진 깔때기와 터널이 있다는 것 등이다. 1664년 독일의 학자 아타나시우스 키르허Athanasius Kircher는 북극에 있는 구멍이 타오르는 지구 중심부의 불을 향해 물을 빨아들이는 것을 상상했다. 그는 지구 중심에서 가열된 물이 남극에서 분출될 것으로 생각했다. 더 나아가서 많은 관과 수로, 지하 호수에 마그마가 있으며, 이 마그마가 때때로 화산으로 나온다고 생각했다. 심지어 혜성을 설명한 천문학자 에드먼드 핼리Edmund Halley도 지구 내부

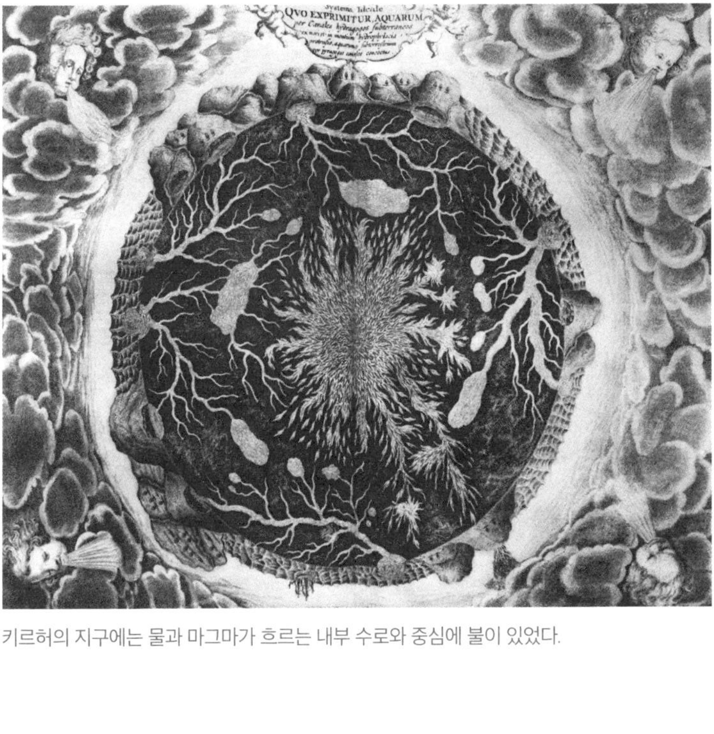

키르허의 지구에는 물과 마그마가 흐르는 내부 수로와 중심에 불이 있었다.

는 정말로 비어 있으며, 우리가 살고 있는 구형 껍질 내부에 세 개의 구형 껍질이 더 있다고 주장했다. 하지만 그보다 더 황당한 주장을 한 사람도 있다. 1869년 미국 의사 사이러스 리드 티드Cyrus Reed Teed는 지구 내부가 비어 있을 뿐만 아니라 우리가 지구의 내부 표면inner surface 위에 살고 있다고 주장했다.

27

충돌하는 판, 이동하는 대륙
지각 변동

유럽인들이 아메리카 대륙을 발견하고 동부 해안 지도를 만든 직후 사람들은 대서양으로 분리되지 않는다면 남미가 아프리카와 잘 들어맞으리라는 것을 알아차렸다. 이 두 대륙이 한때 서로 붙어 있었다는 사실을 발견한 것은 20세기에 들어서였다.

들어맞음과 화석

기상학자이자 지구 물리학자인 알프레트 로타르 베게너Alfred Lothar Wegener는 아프리카와 남미가 서로 들어맞는 데 매료되었다. 그는 이 땅들이 한때 붙어 있었다는 다른 증거를 발견했다. 크라톤craton으로 불리는 오래된 암석 판들과 산악 지대들 또한 현재 대서양을 사이에 두고 나누어져 있다. 20억 년 된 이 크라톤들은 대부분 아프리카에 놓여 있지만, 남미에도 상당한 양이 남아 있다. 칼레도니아/아카디아 Caledonian/Acadian 산맥은 북미, 그린란드, 영국, 스칸디나비아로 갈라져 있다.

화석들도 이 땅들이 한때 붙어 있었음을 암시한다. 현재 아프리카, 인도, 남극 대륙 등으로 널리 분리된 땅에서 같은 식물과 동물의

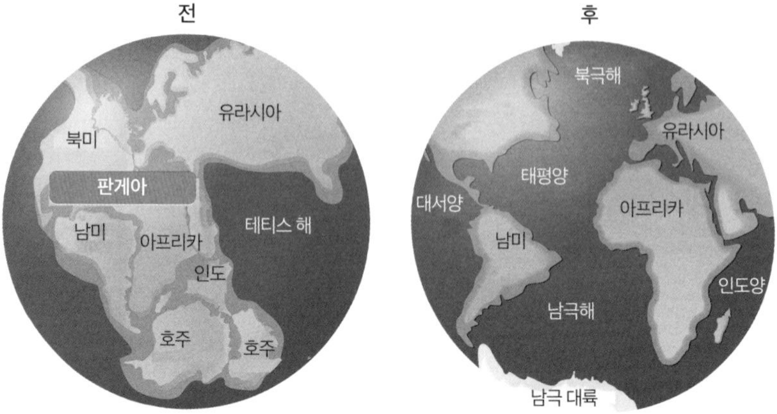

현재의 대륙들은 초대륙 판게아로 합쳐져 있었으며 2억 년 전에 갈라지기 시작했다.

화석 잔해들이 발견된다. 이 중 일부는 바다를 헤엄쳐 건널 수 없는 큰 동물들이었다. 3억 년에서 2억 4000만 년 전인 이 화석들의 연대는 얼마나 최근까지 이 땅들이 서로 붙어 있었는지를 말해준다. 더욱이 이 화석들은 이들이 발견된 지역의 기후가 한때 매우 달랐다는 것을 암시한다. 이를테면 얼어붙은 남극과 북부 노르웨이에서 지금은 그곳에서 생존할 수 없는 열대 식물의 화석이 나온다.

베게너는 한때 대륙들이 '초대륙supercontinent'으로 합쳐져 있었지만, 수백만 년에 걸쳐 갈라져 현재의 위치로 이동했다고 주장하고 이 과정을 '대륙 이동continental drift'이라고 불렀다. 판게아pangaea로 불리는 이 '초대륙'은 지구상의 대부분 땅을 포함했다. 불행하게도 베게너는 대륙의 땅덩어리가 어떻게 이동했는지 그 메커니즘을 제시할 수 없었다. 1915년에 그가 이 연구 결과를 발표했을 때 거의 지지받지 못하고 상당한 조롱을 당했다.

대륙 이동

대륙 이동이 어떻게 일어나는지에 대한 증거가 마침내 1950년대와 1960년대에 나타났다. 수중 음파 탐지기와 레이더를 가지고 해저 지도를 만들 수 있는 능력으로 거대한 산과 계곡, 협곡이 바다 밑에 숨겨져 있다는 사실이 밝혀졌다. 지도 제작 작업은 산으로 둘러싸인 대서양 중앙을 따라 갈라진 열곡裂谷, rift을 보여주는데, 이는 지구 표면이 서서히 갈라지고 있음을 암시한다. 이 열곡 틈새로 마그마가 맨틀에서 새어 나와 새로운 해저로 굳어지게 된다. 이 열곡은 아이슬란드까지 뻗어 있다. 아이슬란드에서는 육지의 일부 화산이 새로운 바위를 쏟아내며 섬을 넓힌다. 아이슬란드 앞바다에 있는 몇몇 화산은 같은 방식으로 새로운 섬을 형성한다.

갈라진 판

지구의 다른 지역에서는 지각 덩어리들이 떨어져 나가는 일도 있다. 전체 지표면은 맨틀 위에 떠 있는 텍토닉 플레이트tectonic plate라는 지각판으로 이루어져 있다. 13개의 큰 판과 여러 작은 판이 있으며, 모두 불규칙한 모양으로 독립적으로 움직인다. 상부 맨틀의 대류가 지각판을 천천히 이동시켜 수백만 년에 걸쳐 돌아다니게 한다. 바다에서 새로운 암석이 솟아오르는 곳에서는 이것이 기존의 해저를 밀어낸다. 대양의 가장자리에서는 섭입攝入, subduction 과정을 통해 해양 지각oceanic crust이 대륙의 더 가벼운 지각 아래로 들어간다. 거대한 해저 판들이 물과 함께 아래로 끌려내려가 맨틀에서 녹고 다시 섞이게 된다.

섭입대攝入帶, subduction zone 바로 안쪽 내륙에서 화산이 형성되어 녹아내리는 해양 지각에서 솟아오르는 가벼운 물질을 분출한다. 이 화산들을 통해 물과 이산화탄소, 용암(마그마) 등이 지표면으로 돌아온다.

세상의 가장자리에서

섭입대는 지각판 경계 중 가장 흔하고 활동적인 경계지만, 유일한 경계 유형은 아니다. 지질학자들은 세 가지 유형의 판 경계를 인식한다. 섭입대는 두 개의 판이 마주 보고 움직이는 수렴 경계convergent boundary다. 다른 유형의 수렴 경계에서는 두 대륙판이 충돌한다. 전형적으로 이것은 암석이 뒤틀리고 쌓이면서 산을 밀어 올린다. 수렴 경계는 종종 긴 화산대와 잦은 지진이 그 특징이다. '불의 고리ring of fire'는 남북미의 서부 해안과 일본, 필리핀, 인도네시아, 뉴질

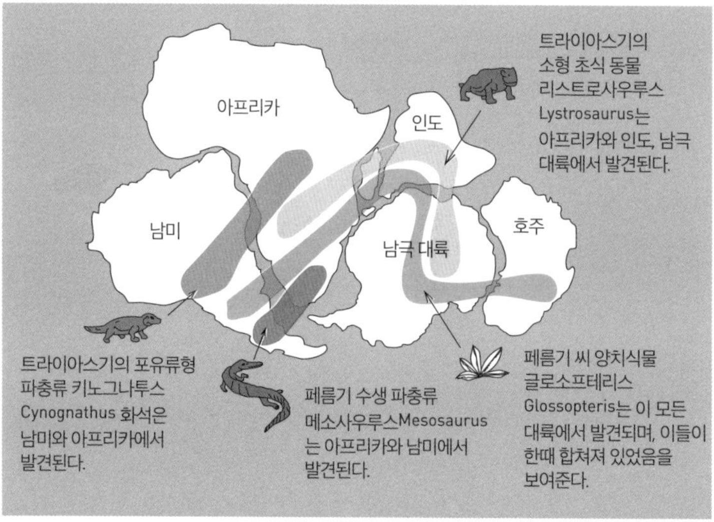

화석의 분포는 육지가 한때 어떻게 합쳐져 있었는지를 보여준다.

랜드를 지나가는 거대한 태평양판을 둘러싸고 있는 화산과 지진대의 경계다.

발산 경계divergent boundary에서는 판들이 분리되고 그 사이로 마그마가 분출되어 새로운 암석을 형성한다. 이것은 해저나 아이슬란드에 있는 것과 같은 열곡이다. 변환 단층 경계transform plate boundary에서는 지각판이 서로 엇갈리며 평행하게 움직인다. 때때로 지각판들이 서로 비비고 갑자기 심하게 흔들리며 지진을 일으킨다.

이동 중

지각판의 움직임은 화산 활동과 지진, 대륙 이동을 설명하고 지질학에 대한 일종의 통일된 이론을 형성한다. 이는 훨씬 더 긴 시간에 걸쳐 대륙이 어떻게 만들어지고 갈라지고 다시 만들어지는지, 그리고 대양이 어떻게 육지 블록 사이에서 발달하는지를 설명한다. 과거 어느 시점에는 지구의 대부분 땅이 초대륙으로 합쳐져 있었다.

개개의 땅덩어리도 전 세계로 이동했다. 남극에서 열대 식물 화석이 발견된다고 해서 반드시 남극 근처 지역이 한때 열대 기후였음을 의미하는 것은 아니다. 사실 과거에는 극지방도 기후가 온화하고 얼음이 얼지 않았지만, 현재 남극에 있는 땅은 한때 적도 근처에 있다가 이동했다. 해양 생물 화석이 산에서 발견된다는 것은 지금 산 위에 있는 바위가 한때 해저였음을 말해준다. 히말라야산맥은 한때 섬이었던 인도가 수백만 년에 걸쳐 유라시아 대륙과 충돌하면서 형성되었다. 이 운동은 계속된다. 대서양은 매년 몇 밀리미터씩 넓어지며, 먼 미래의 어느 시점에 대륙들은 다시 한번 초대륙으로 합쳐질 것이다.

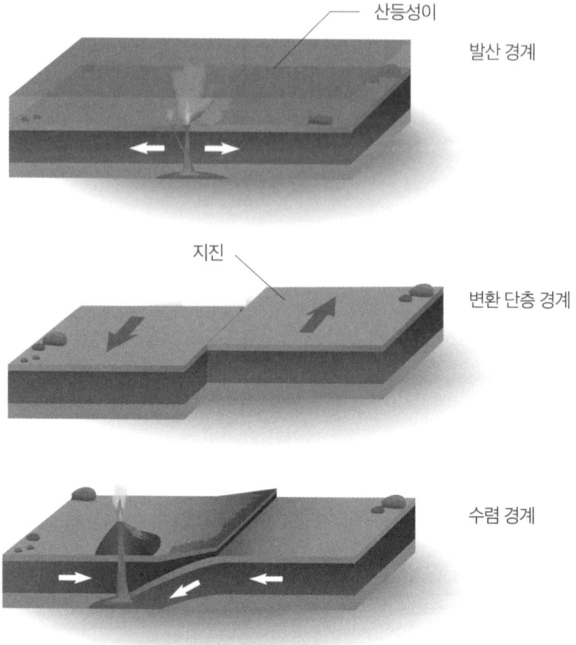

판 경계의 유형.

주요 지각판 경계.

28

열과 가스가 과하면
온실 효과

사람들은 대부분 인간 활동으로 인한 현재의 기후 위기와 관련해서 온실 효과를 생각하지만, 자연적인 온실 효과는 수십억 년에 걸쳐 지구의 기후를 만들었다. 온실 효과는 행성이 안정적인 온도를 유지하고 열을 보존하는 메커니즘이지만, 온실 효과가 너무 지나치면 오히려 재앙이 될 수 있다.

온실에서

1859년 아일랜드의 물리학자 존 틴들John Tyndall은 기체의 열 보존 능력을 연구하기 시작했다. 그는 지구 대기 가스 중 수증기와 이산화탄소는 많은 열을 보존하지만, 질소와 산소는 거의 아무것도 보존하지 않는다는 사실을 발견했다. 그는 대기 중에 물이 없다면 지구는 영구히 얼어붙을 것이라고 결론지었다. 1895년 스웨덴의 화학자 스반테 아레니우스Svante Arrhenius는 대기 중의 이산화탄소 농도를 높이거나 낮추는 효과를 계산하고, 이산화탄소 농도를 높이면 온도가 올라가고 농도를 낮추면 온도가 내려갈 것이라고 했다.

서늘한 지구의 초기 온실

지구 초기에는 태양이 지금보다 덜 밝고 더 적은 에너지를 생산했다. 만약 지구가 햇빛의 열에만 의존했다면 얼어붙은 황무지였을 것이다. 그 대신에 생명체가 생겨났고 번성했다. 지구의 대기에는 온실가스인 수증기와 이산화탄소가 풍부했기 때문에 쾌적한 환경이 될 수 있었다. 이 가스들은 열이 우주로 빠져나가는 것을 막고 열을 가두었다. 진화하는 대기에 미생물들이 메탄을 첨가하기도 했다. 이는 지구를 따뜻하게 하는 데 도움을 주었고, 살기에 더 적합하게 만들고 생명체들로 가득 찬 행성이 되게 했다.

보호막이 해지다

하지만 생명체는 그 자체가 파멸의 원인이기도 했다. 이산화탄소를 사용하고 산소를 배출하는 시아노박테리아cyanobacteria라는 광합성 미생물이 진화했다. 시아노박테리아는 매우 성공적으로 번식했고, '대산소 발생사건Great Oxygenation Event' 속에서 산소 생산이 빠르게 증가했다. 이산화탄소가 손실되면서 온실가스의 보호막이 얇아지게 되어 지구 온도가 내려갔다. 지구 온도가 너무 많이 내려가서 액체 상태의 물주머니 몇 개만 남고 지구 전체가 두꺼운 얼음층으로 덮였다. '눈덩이 지구Snowball Earth'라고 불리는 이 극심한 추위는 약 24억 년 전부터 21억 년 전까지 수억 년 동안 지속되었다. 다행히도 화산 활동은 계속되었고, 온실 효과가 다시 안정적으로 되기에 충분한 이산화탄소가 천천히 방출되었다.

지구는 얼음이 녹을 만큼 따뜻해졌고, 생명체는 다시 살아났다. 아마도 육지에 기반을 둔 식물들의 진화로 광합성이 증가하면서 다시

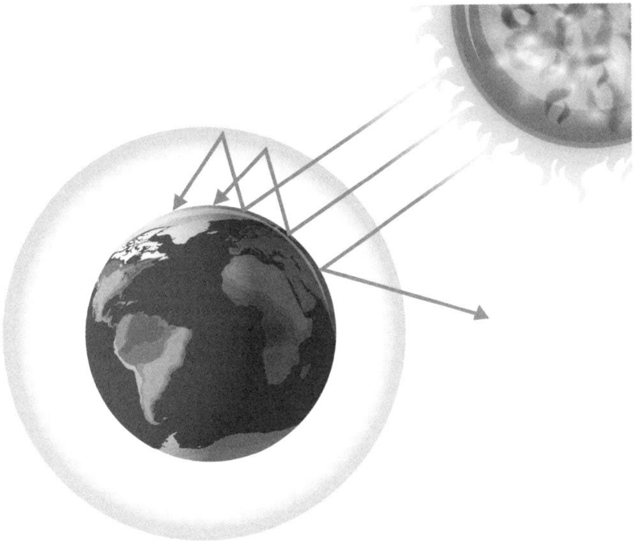

온실 효과 : 가스층이 지구 근처의 열을 가두고 열을 지표면으로 반사한다.

촉발되었을 '눈덩이 지구' 사건이 더 있었지만, 새로운 균형이 이루어져 지구는 거주할 수 있는 곳이 되었다.

그네와 회전목마

지구 대기의 이산화탄소와 산소의 균형은 지구의 역사, 심지어 육지 생명체의 진화 이후 비교적 최근까지 매우 변화가 심했다. 이런 변화가 기후에 영향을 미쳐서 지구가 지금보다 훨씬 더 뜨거웠거나 추웠던 시기가 있었다. 우리는 생명체가 지금보다 더 높거나 더 낮은 온도에서 살아남을 수 있다는 것을 안다. 유기체는 지배적인 조건에 맞게 진화하거나 아니면 멸종한다. 2억 4000만 년 전 트라이아스기의 덥고 건조한 환경에서 살았던 사람들은 지금 생존할 수 없다. 우리가

눈덩이 지구.

그들이 번성했던 환경에서 살아남을 수 없는 것과 마찬가지다. 대개 기후는 천천히 변하며, 유기체가 적응할 시간을 준다. 대부분 대멸종 사건(269쪽 도입글 참조)은 급격한 기후 변화로 발생했다.

너무 뜨겁고 너무 춥다

지구의 온실 효과는 온도를 안정되게 하는 데 도움이 된다. 대기가 없는 수성의 온도는 극단적이다. 태양 반대편 면은 -180℃까지 떨어지는가 하면 태양을 바라보는 면은 427℃ 정도로 몹시 뜨겁다. 반면에 수성보다 태양에서 멀고 대기가 대부분 이산화탄소로 이루어진 금성은 온실 효과가 극심하다. 금성의 대기 온도는 475℃로 온실 효과가 없을 때보다 약 390℃ 더 뜨겁다.

나무에서 석탄으로

3억 5900만 년에서 2억 9900만 년 전 석탄기 동안 대부분 땅에 거대한 숲이 생겨났다. 숲의 나무들은 탄소를 가두었지만, 이 나무들이 죽었을 때 썩어서 탄소를 방출하는 대신에 많은 것이 화석화되었다. 이것들은 현재 우리가 태우는 석탄 매장량이 되었다. 석탄기가 끝날 무렵 지구는 거의 현대의 온도까지 내려갔지만, 나무를 분해하는 미생물들이 진화했고 나무들이 죽었을 때 탄소가 다시 방출되어 탄소 순환 사이클로 환원하면서 탄소 균형이 회복되기 시작했다.

29

너무 뜨겁고 너무 빨라
기후 위기

기후 위기의 증거는 우리 주변에 널려 있다. 극단적인 날씨 이변의 빈도 증가, 녹아내리는 빙하, 해수면 상승, 온도 상승 등은 모두 기후가 변화하고 있다는 증거다. 지구의 기후는 항상 바뀌어 왔지만, 대기 중의 온실가스 수준이 증가하는 것과 맞물려서 지금처럼 빠르게 변하는 경우는 거의 없었다.

불타는 세계

산업혁명으로 화석 연료(석탄, 가스, 석유)를 대규모로 사용하기 시작한 이후 지구 평균 기온은 10만 년에 걸친 인류 문명 전체 기간에 유례없는 수준으로 상승했다. 우리 문명은 더 낮은 기온에서 번성하는 유기체와 더 낮은 기온이 지배적인 날씨 패턴을 중심으로 구축되었다.

지구 전체의 평균 온도는 확실한 세계 온도 기록이 있는 최근 연도인 1880년 이래로 최소한 1.1℃ 상승했다. 이 상승의 3분의 2는 1975년 이래로 일어났으며 10년에 약 0.15~0.20℃의 속도로 상승했다. 1951~1980년을 기준선으로 지구 전체 온도는 1℃ 상승했으며 1.5℃ 미만으로 유지될 가능성은 거의 없다. 이 온도 상승은 주로 이

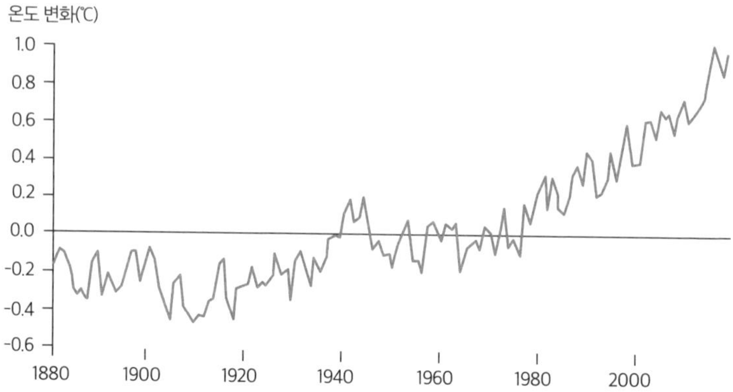

상승하는 지구 온도(1880~현재).

산화탄소와 메탄 같은 온실가스 증가의 결과다. 우리는 화석 연료 사용과 집약적 농업, 대기 중의 이산화탄소를 없애는 숲의 파괴 등으로 이런 증가를 초래했다. 1.5℃는 그다지 크게 들리지 않지만, 기존의 날씨 패턴을 무너뜨리기에 충분하다. 온도 분포는 지역별로 균등하지 않다. 일부 지역의 가파른 상승을 다른 지역의 더 낮은 온도가 상쇄해서 평균을 낮출 수 있다. 북극의 기온이 4℃ 정도 올라 많은 빙하가 녹아내리고 해수면이 상승했다.

우리가 직면하고 있는 상황은 어떨까?

온도 상승이 억제되지 않으면 인류는 심각한 상황에 직면한다. 행동하지 않으면 지구의 평균 기온이 5℃ 상승할 것으로 예상된다. 이는 파멸적인 영향을 미쳐서 많은 땅이 농사를 짓거나 살기에 부적합한 불모지가 될 것이다. 날씨 패턴의 붕괴는 복잡하고 광범위한 영향을 미칠 것이다.

녹아내리는 극지방의 얼음과 빙하는 해수면을 상승시켜 저지대와 많은 해안 도시를 침수시킬 것이다. 해수면은 지난 100년 동안 이미 약 15㎝ 상승했으며, 2100년까지는 1~2m 상승할 것으로 보인다. 이는 알래스카 크기의 지역을 물에 잠기게 하기에 충분하다.

해수 온도 상승은 지구 전체의 해류를 변화시키고 이는 차례로 날씨에 영향을 미친다. 기온 상승으로 북대서양 해류의 패턴에 차질이 생긴다면 유럽에 따뜻한 해류를 공급하는 멕시코 만류가 붕괴할 공산이 크다. 이렇게 되면 서유럽의 겨울은 더 추워질 것이다.

일부 지역은 물이 풍부하지만, 다른 지역은 물이 부족할 것이다. 가뭄과 높은 기온으로 일부 지역은 사람이 살 수 없거나 식량을 재배하기에 부적합하게 될 것이다. 내륙의 빙하 손실은 식수와 농업 및 산업용수를 눈이나 얼음이 녹은 물에 의존하는 지역에서 물 부족을 초래할 것이다.

우리는 혼자가 아니다

인간은 수백만의 다른 종들과 지구를 공유한다. 우리는 확립된 생태계에 의존한다. 생태계는 하나의 환경 속에 유기체들을 연결하는 복잡한 네트워크다. 기후 변화는 다른 종들도 위협한다. 광범위한 토지 개발로 인해 많은 종이 적절한 조건을 찾아 자유롭게 이동할 수는 없는 상황이다. 동물들은 우리가 야생 서식지를 연결하는 야생동물 '통로'를 만들어 주지 않으면 건너다닐 수 없다. 기후 위기는 농작물을 수분시키는 데 필요한 곤충과 바다에서 잡아 올리는 물고기를 위협한다. 기후 위기는 농작물을 파괴하는 곤충과 미생물의 번식을 돕고 이들의 천적을 없앨 수 있다.

티핑 포인트

기후 과학자들은 기후 변화가 멈출 수 없을 정도로 가속화될 변곡점이 있다고 우려한다. 산호초가 모두 죽을 정도로 바다가 뜨거워지면(약 3℃ 상승) 산호초에 서식하는 많은 어류와 갑각류가 멸종해 해양 생태계가 교란된다. 극북의 영구 동토층이 녹으면서 메탄이 대기 중으로 방출되어 온난화를 더욱더 촉진할 것이다. 녹아내리는 빙하는 해수면을 상승시킬 뿐만 아니라 온난화를 가속한다. 하얀 얼음은 빛과 열을 반사하지만, 짙은 바다는 빛과 열을 흡수한다. 따라서 녹아내리는 빙하는 또한 온도를 상승시킬 것이다. 일단 이런 티핑 포인트에 도달하면 이러한 영향을 되돌릴 수도, 물러설 수도 없다. 우리가 지금 방출하고 있는 이산화탄소의 결과 중 일부는 수백 년 동안 전혀 느끼지 못할 수 있다. 하지만 일부는 10년 이내에 느끼게 될 것이고, 일부는 이미 느끼고 있다.

2021년 독일 홍수.

30

원자들이 줄을 잇는다 자기

나침반의 바늘은 항상 북쪽을 가리킨다. 이는 지구의 자연 자장과 일치하기 때문이다. 자연적으로 자성을 띠는 자철광을 함유한 '천연 자석lodestone'이 금속을 끌어당긴다는 사실은 2000년 이상 전 고대 중국과 인도, 그리스에서 발견되었고 거의 1000년 동안 항해에 사용되어 왔다. 하지만 자기는 산업화 이전의 위성 항법 용도 이상으로 중요한 의미를 지닌다.

자석 만들기

천연 자석은 원래 자성을 띠지만, 오늘날 우리가 만나는 대부분 자석은 인공적으로 자화한 금속이다. 가장 쉽게 자화되는 것은 철이다. 고대 중국인들은 철 조각을 천연 자석에 같은 방향으로 거듭 문지르면 자성을 띠게 된다는 사실을 발견했다. 이는 철이나 다른 자화되기 쉬운 금속 조각 속에 미세 자석micromagnet과 같은 미세 자기 영역이 많이 분포하고 있기 때문이다. 자화되지 않은 금속은 자기 영역이 뒤죽박죽이어서 북쪽과 남쪽 끝이 아무 방향이나 가리킨다. 따라서 전체적으로 자력의 방향이 없다. 하지만 천연 자석이나 다른 자석은 자기 영역을 회전시켜 궁극적으로 모든 자기 영역이 같은 방향을 가리키도록 할 수 있다. 작은 자장은 모두 서로 보강해서 물체 전체의 전

중국의 천연 자석 숟가락은 저절로 회전해서 남북 방향을 가리킨다.

체 자장을 생성한다.

자석에는 북극과 남극의 양극이 있다. 같은 극은 서로 밀어내고, 다른 극은 서로 끌어당긴다. 두 개의 자석이 모이면 한 자석의 북극이 다른 자석의 남극을 끌어당긴다. 북극끼리는 서로 밀어낸다. 나침반이 작동하는 것은 지구 자체가 자장을 가진 거대한 자석이기 때문이다. 세상 모든 자석의 북극은 우리가 지구의 '북극'이라고 부르는 극에 끌린다. 하지만 사실 북극은 지구 자장의 남극이다.

장소가 일정하지 않다

지구의 자북磁北, magnetic north은 지리적 북극(지구의 가장 북쪽 지점)과 위치가 다르다. 자북은 북극에서 남쪽으로 약 1600㎞ 떨어진 캐나다 어딘가에 있다. 지리적 북극은 지구 자전축의 끝이다. 자북은 장소가 일정하지도 않다. 지난 150년 동안 시베리아 쪽으로 약 1000㎞ 이동했다.

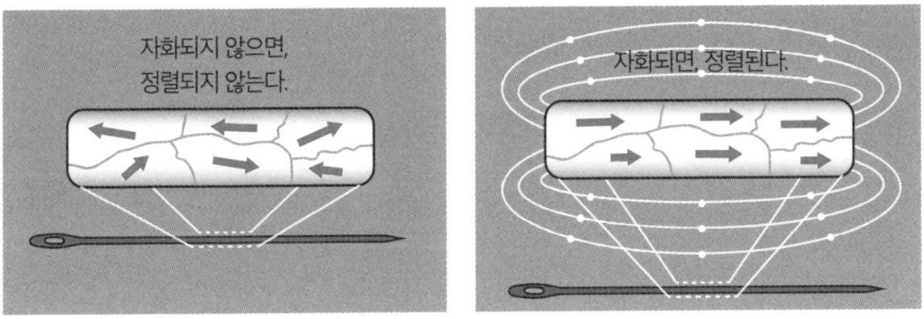

바늘이 자화되면 바늘 안의 영역이 정렬된다.

자성을 띤 지구

영국의 의사이자 과학자인 윌리엄 길버트(1544~1603)가 1600년에 《자석에 관하여De magnete》를 출판하기 전까지는 자기에 대해서 알려진 것이 거의 없었다. 이 책에서 그는 지구 자체가 거대한 자석이라는 놀라운 사실을 밝혀냈다. 우리는 이제 녹은 철로 이루어진 지구 핵에서 전자가 움직이는 것이 지구 자성의 근원이라는 사실을 안다.

지구 자장은 광대하며 우주로 멀리 퍼져나간다. 이것은 태양에서 오는 전하를 띤 입자의 흐름인 태양풍solar wind이 지구를 비껴가게 한다. 지구 자장은 지구의 방패 역할을 하며 이 입자들의 방향을 지구 주위로 돌린다. 지구 자장은 지표면에 도달하는 해로운 방사선을 막고 지구의 대기를 온전하게 유지하는 데 도움이 된다. 만약에 지구 자장이 없으면 대기가 벗겨져 나갈 수 있고, 지구는 공기가 거의 없어져서 대부분의 생명체에게 부적합한 행성으로 변할 수 있다. 만약 지구에 녹은 철로 이루어진 지구 핵과 자장이 없다면 지구는 생명체가 살기 어려운 행성이 될 수 있다.

지구 자장은 지구의 대부분을 보호하지만, 극지방 근처의 자장은 더 약하다. 여기로 태양풍의 일부 입자가 뚫고 들어온다. 태양풍 입

북극광은 지구 자장의 결과다.

자와 대기 중의 가스 분자가 충돌하면서 우리가 북극광이나 남극광으로 보는 섬광을 만들어 낸다.

이동에 이용되는 자기

양(양성자)이든 음(전자)이든 전하를 띤 입자는 움직일 때 자장을 생성한다. 전자가 전선을 통해 흐르면 전선 주위에 자장이 생긴다. 전류의 방향이 자장의 방향을 결정하며, 그 효과는 전선에 가장 가까운 곳에서 가장 강하다. 자장의 세기는 전류에 따라 증가한다. 이런 원리를 이용해서 전자석을 만들 수 있다. 간단한 전자석은 못에 철사를 감고 전류를 통과시켜 만들 수 있다. 이것을 확대하면 폐차장에서 자동차를 들어 올리는 데 사용되는 매우 강력한 전자석이 만들어진다. 전자석은 영구 자석이 아니다. 전류를 끄면 자장이 사라진다.

전류와 자기의 상호작용을 이용해서 전기 모터를 만들 수 있다.

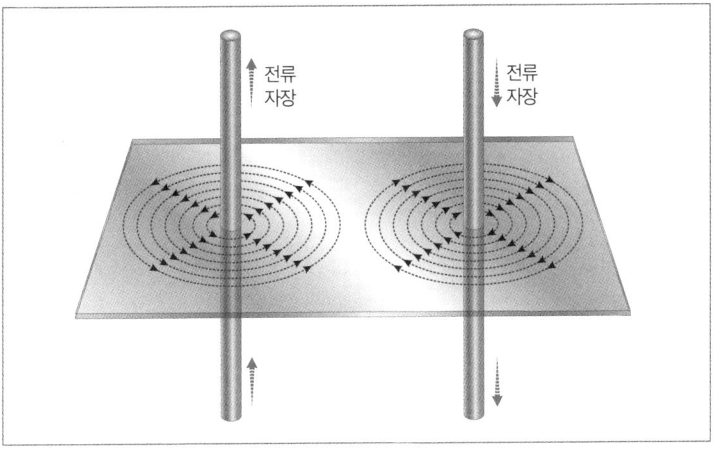

전선에 흐르는 전류는 전선 주위에 자장을 형성한다.

코일에 전류가 흐르면 코일 주위에 자장이 형성된다. 이 코일을 전류가 흐르는 방향과 직각으로 다른 자장에 놓으면, 외부 자장이 코일에 흐르는 전류에 의해 생성된 자장과 상호작용하면서 코일을 회전시킨다. 정확한 간격으로 전류의 방향을 전환하면 코일이 계속 같은 방향으로 회전하게 되므로 모터가 움직인다.

자기 부상

자기 부상 열차는 동시에 밀고 당기는 자장의 힘으로 선로 위를 부상한다. 자기 부상 열차 아래쪽에는 강력한 자석이, 궤도에는 금속 코일이 줄지어 있다. 코일을 통과하는 전류가 자장을 생성한다. 전류의 방향을 전환하면 열차 앞부분에 있는 자석들은 열차를 앞으로 당기고 뒷부분에 있는 자석들은 열차를 앞으로 밀어낸다. 열차는 자기의 반발 작용에 의해 궤도 위에 떠 있게 된다. 선로 위를 구르는 바퀴가 없기 때문에 열차 속도를 늦추는 마찰력이 거의 없고, 일반 열차에서 나는 소음과 진동도 전혀 없다.

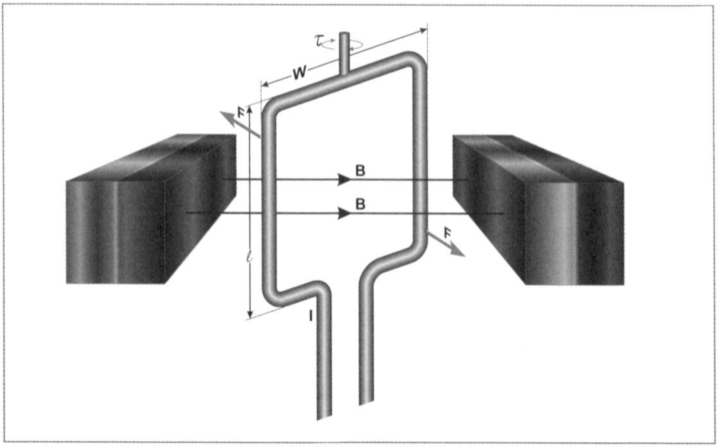

모터는 자장에 수직인 코일에 전류를 흐르게 해서 만든다.

31

생명의 책
DNA

염색체가 유기체를 만드는 방법이나 설명서 역할을 한다는 인식으로 인해 이런 설명서를 직접 읽어 내거나 심지어 신중하게 표적화된 방식으로 염색체를 바꿔서 유기체를 변화시킬 가능성이 커졌다. 첫 번째 단계는 염색체를 구성하고 이런 설명서를 담고 있는 분자인 DNA(디옥시리보핵산)의 구조를 발견하는 것이었다.

실마리를 풀다

DNA는 1869년 스위스의 의사이자 생리학자인 프리드리히 미셰르Friedrich Miescher가 처음 발견했다. 그는 백혈구의 핵에서 DNA를 발견해 이를 '뉴클레인nuclein'이라고 이름 붙였다. 그는 DNA가 중요하다고 느꼈지만, 다른 과학자들이 DNA가 얼마나 중요한지 깨닫고 그 기능을 알아내는 데는 50년 이상 걸렸다. 1944년 캐나다계 미국인 의사 오즈월드 에이버리Oswald Avery는 자신이 연구하던 박테리아가 균주菌株, strain 간에 특성을 이동할 수 있게 한 것이 '형질 전환 인자形質轉換因子, transforming principle'라는 것을 발견했다. 6년 후인 1950년 미국의 생화학자 어윈 샤가프Erwin Chargaff는 DNA는 종에 따라 다르며, DNA 분자는 항상 염기鹽基, base 구아닌guanine과 사이토신cythosin

의 수가 같고, 염기 아데닌adenine과 티민thymin의 수가 같다는 연구 결과를 발표했다(197쪽 '이중 나선' 참조).

DNA 분자 구조와 DNA가 어떻게 그렇게 많은 정보를 전달할 수 있는지를 알아내기 위한 경쟁이 이어졌다. 이 경쟁에서 프랜시스 크릭Francis Crick과 제임스 왓슨James Watson이 우승했다. 이들은 1953년 로절린드 프랭클린Rosalind Franklin이 그전 해에 촬영한 X선 사진을 연구해서 특정 염기 서열이 유기체를 만드는 지시를 DNA로 '암호화'하는 방식이라는 사실을 밝혀냈다.

인간의 염색체 중 가장 긴 1번 염색체에는 2억 4000만 개 이상의 염기쌍base pair(핵산을 구성하는 염기 가운데 서로 수소 결합할 수 있는 두 개의 염기)이 있다. 이들은 3000개의 유전자를 제공하는 영역과 그사이에 많은 추가 물질을 제공하는 영역으로 나뉜다. 각 유전자는 생체를 만들어 내고 생체가 기능하게 하는 데 필요한 단백질을 구성하는 코드를 담고 있다. 추가 물질은 활성화되는 유전자와 활성화되지 않는 유전자에 관한 정보를 포함한다.

게놈Genome 지도 작성

DNA 연구의 첫 단계는 유기체의 게놈을 '차례로 배열'하는 것이었다. 이는 각 염색체의 염기쌍을 나열하는 것을 의미한다. 1990년과 2003년 사이에 사람의 세포에 들어 있는 염색체에 담긴 유전 물질의 배열 순서를 알아내는 국제적인 연구 프로그램인 인간 유전체 프로젝트Human Genome Project는 인간과 다른 여러 생물체의 게놈 지도를 만들었다.

염기 서열 분석은 어렵지만, 분자를 관찰하고 염기쌍이 어디에서 발생하는지 확인하는 간단한 화학 작업이다. 유전자의 기능을 찾는 것은 더 복잡하지만, 유용한 일을 하기 위해서는 필요하다. 유전자는 그 기능이 표시되어 있지 않다. 이는 다양한 특징을 지닌 유기체의 염색체를 열심히 비교하고 유전적 차이가 어디에 있는지를 찾는 것으로만 확인할 수 있다. 연구는 질병과 장애와 관련된 인간의 유전자를 확인하는 데 초점을 맞추고 있으며, 유전 의학이 이런 조건들을 해결할 수 있게 한다.

이중 나선

DNA는 꼬인 사다리처럼 보이는 매우 긴 분자다. 이는 염기쌍들이 '가로대rungs'를 형성하고, 이것이 두 줄의 당(디옥시리보스)과 인산 분자 가닥을 연결하고 있는 모양의 이중 나선 구조다. 염기는 탄소와 질소, 수소, 산소로 이루어진 분자로, 원소 배열에 따라 아데닌, 시토신, 구아닌, 티민이라는 네 가지 다른 화학물질이 된다. 각 염기는 한쪽으로는 당-인산 뼈대sugar-phosphate backbone에 화학적으로 결합되고, 다른 쪽으로는 상응하는 염기(아데닌-티민, 시토신-구아닌)와 강력한 수소 결합으로 연결된다.

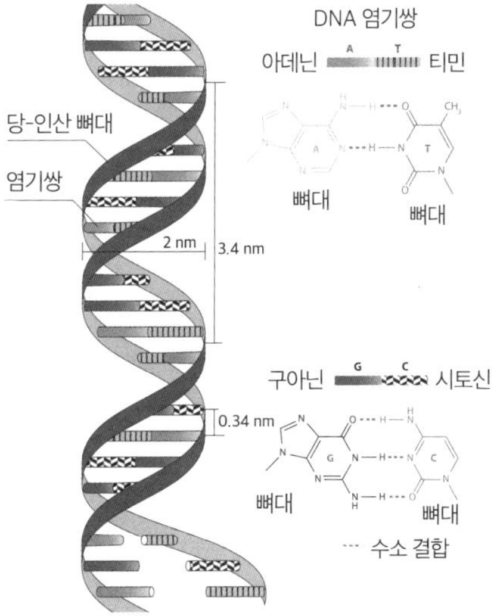

DNA 분자 구조.

변화 만들기

게놈을 이해하는 것은 농작물과 가축에게 변화를 주고, 유전병에 걸리기 쉬운 사람들을 알아내고, 사람들이 건강한 아기를 가질 수 있게 한다. 이런 활동 중 일부는 유전 공학의 광범위한 범주에 속한다. 물론 인간은 품종 개량을 통해 수천 년 동안 식물과 동물의 유전자 구성을 변화시켜 왔지만, 유전 공학은 이를 훨씬 더 빠르고 정확하게 할 수 있게 한다.

유전 공학의 일부 용도는 예컨대 관상용 형광 물고기day-glo pet fish를 만드는 것과 같은 다소 사소한 것이다. 하지만 삶을 바꾸거나 커다란 사회적 또는 경제적 영향을 미치는 것이 더 많다. 예전에는 당뇨병 환자들에게 필요한 인슐린을 동물에서 얻었지만, 지금은 인슐린을 생산하도록 유전적으로 변형된 박테리아를 이용해 거대한 통 속에서 제조한다. 유전자 변형 생물GMO, genetically modified organism은 가뭄, 서리 또는 해충에 강한 식물과 영양 가치(예컨대 비타민 보강 등)가 향상된 작물을 포함한다.

유전자 변형 농산물과 먹이 사슬에서 이런 농산물의 안전이 보장되거나 야생에서 자유롭게 퍼질 수 있는지에 대해 대중은 상당한 우려와 항의를 드러냈다. 종자뿐만 아니라 표적 제초제를 함께 팔기 위해 제초제에 내성이 있는 작물을 개발해서 농민들에게 재정적 부담을 추가로 지우는 기업에 대해서도 논란이 있다. 이런 문제들에 대해 세계의 다른 지역들은 서로 다른 태도를 보여왔다. 장기 이식을 위해 인간과 호환되는 장기를 가진 돼지를 만들거나, 인간의 모유에 더 가까운 우유를 생산할 소를 만들려는 더 야심 찬 시도도 있었다.

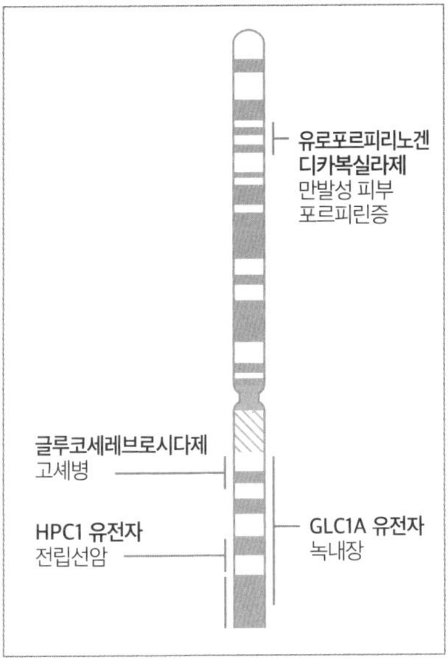

특정 질병에 걸리기 쉬운 원인이 되는 영역을 보여 주는 1번 염색체의 일부.

인간 유전자

일부에서는 유전 공학을 사용해서 유전적 질병을 제거하거나 '맞춤 아기designer baby(희소 질환 치료를 목적으로 인공 수정으로 선택된 배아를 착상시켜 태어난 아기)'를 생산하는 아이디어도 냈다. 이는 현재 불법이다. 하지만 유전자 검사는 유전병 가족력이 있는 부부들에게 건강한 아기를 가질 기회를 준다. 이들은 체외 수정IVF, in vitro fertilization을 선택할 수 있으며, 수정란의 유전자 검사를 통해 손상을 일으킬 유전자를 선별하고 건강한 배아만 이식할 수 있다. 이는 염색체나 유전자에 어떤 변화를 주는 것이 아니며, 아이가 검사를 받지 않은 다른 유전적 장애를 갖는 것을 막지도 못한다.

다음 단계로 진행, 이번엔 크리스퍼

유전자 편집은 작물, 박테리아, 가축을 바꾸는 데 제한되어 왔으며, 2012년 크리스퍼-카스9CRISPR-Cas9라는 새로운 기술이 개발되기 전까지 비용이 많이 들었다. 크리스퍼CRISPR, Clustered Regularly Inyerspaced Short Palindromic Repeats는 빠르고 저렴해서 혁명적인 변화를 가져다 준다. 박테리아는 바이러스 RNA를 복사하고 저장해 질

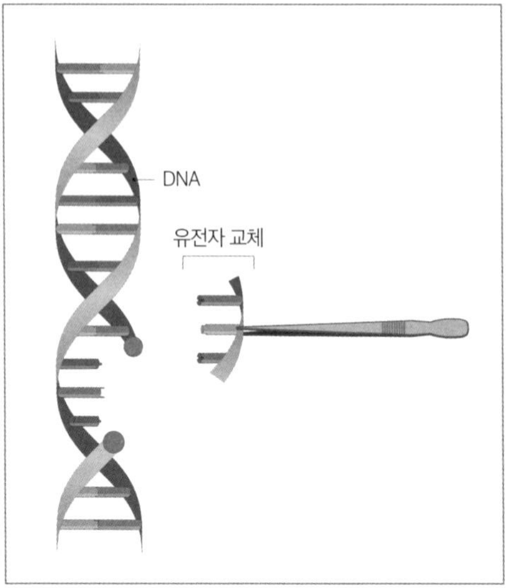

크리스퍼와 같은 유전 공학 기술은 생물체의 특징을 조작하기 위해 DNA 일부를 교체한다.

병으로부터 스스로를 보호하는데, 크리스퍼는 이런 자연적인 과정을 이용한다. 바이러스를 다시 마주쳤을 때 박테리아는 바이러스를 인식하고 조각조각 자를 수 있다. 크리스퍼 기술은 종종 유전자 '가위'로 묘사되는 같은 메커니즘을 사용해서 염색체 일부를 잘라내고 그 자리를 건강한 유전자로 교체한다.

크리스퍼 이전에는 유전자 변형이 난자, 정자, 수정란 수준에서 실행되었으며, 새로운 유기체가 발육하기 전에 그 유전자를 바꾸었다. 크리스퍼를 사용하면 다 자란 몸의 세포를 바꿀 수 있다. 크리스퍼 기반 치료법으로 치료한 첫 번째 질병은 겸상적혈구병鎌狀赤血球病, sickle-cell disease이었다. 이는 적혈구가 산소를 운반하기에 비효율적인 모양으로 변형되는 질병이다. 임신을 위한 인간 수정란 변형은 여전히 불법이다. 하지만 중국의 한 의사는 2018년에 쌍둥이 아기들을 인간면역결핍바이러스HIV, human immunodeficiency virus로부터 보호하기 위해 난자를 편집했다고 주장한다.

생식 세포와 체세포

체세포는 이미 근육, 뼈, 혈액 등으로 분화된 우리 몸의 모든 세포다. 체세포는 분열해서 같은 종류의 세포를 더 많이 만들 수 있고, 골수의 줄기세포와 같은 일부 체세포는 다양한 세포를 생산할 수 있다. 하지만 이런 체세포들은 우리 몸에 남아 있고, 체세포의 어떠한 변화도 미래의 아이들에게 유전되지 않는다. 생식 세포는 생식에 관여하는 난자와 정자 세포다. 이런 생식 세포들은 다음 세대를 위한 DNA를 제공한다. 생식 세포 DNA에 대한 모든 변경은 유전되고, 아이들이 생산하는 난자나 정자에 포함된다.

32

기본 입자와 입자의 상호작용
표준 모형

현대 물리학은 1970년대에 개발된, 이른바 물질의 '표준 모형standard model'에 기반을 두고 있다. 이것은 모든 물질의 구성 요소이며 물질에 작용하는 힘을 매개하는 한정된 수의 기본 입자를 식별한다.

물질 형성

지금까지 우리는 핵을 이루는 양성자와 중성자, 그리고 그 주위를 도는 전자들로 원자가 구성된다는 것을 보았다. 양성자와 중성자조차도 더 나눠질 수 있다는 것이 밝혀졌다.

모든 정상 물질은 쿼크quark와 렙톤lepton이라는 두 가지 기본 구성 요소로 이루어진다. 쿼크와 렙톤은 각각 여섯 가지 종류가 있다. 쿼크는 쌍 또는 '세대'로 묶으며, 1세대는 업up과 다운down, 2세대는 톱top과 보텀bottom, 3세대는 스트레인지strangeness와 참charm으로 부른다. 양성자와 중성자는 각각 3개의 쿼크로 이루어져 있다. 전자는 렙톤의 여섯 가지 종류 중 하나다. 렙톤은 전자와 전자 중성미자electron neutrino, 뮤온muon과 뮤온 중성미자muon neutrino, 타우tau와 타우 중성미자tau neutrino로 쌍을 이룬다.

쿼크

쿼크의 존재는 1964년 머리 겔만Murray Gell-Mann과 조지 츠바이크George Zweig가 각자 독립적으로 제안했다. 그 당시 물리학자들은 가속기를 사용해서 입자들을 매우 빠른 속도로 충돌시킨 다음 결과를 관찰하고 있었다. 겔만은 충돌로 생긴 다양한 입자들의 확산을 정리하고 설명하려 노력했다. 그는 만약 이 입자들이 훨씬 더 작은 입자들로 이루어져 있다면 이 중 많은 것의 행동이 설명될 수 있음을 깨달았다. 그는 이 가상의 입자들을 쿼크라고 불렀다.

양성자와 중성자는 질량이 같지만, 양성자는 전자의 음전하와 같은 양전하를 가지며 중성자는 전하가 없다. 겔만은 양성자와 중성자를 각각 3개의 쿼크로 나누고 쿼크에 양전하와 음전하를 부여함으로써 이를 설명했다. 하지만 다른 알려진 입자와는 달리 쿼크는 더 이상 나눌 수 없는 최소 전기량을 나타내는 '전기소량電氣素量, elementary charge'을 가지며, 전기소량은 기호 'e'로 표시한다. 이 제안은 그 당시에는 터무니없게 여겨졌지만, 1970년대 초에 쿼크의 존재가 증명되면서 맞는 것으로 밝혀졌다. 쿼크의 전하량은 -1/3e(다운 쿼크)이거나 +2/3e(업 쿼크)이다. 중성자는 업 쿼크 1개와 다운 쿼크 2개를

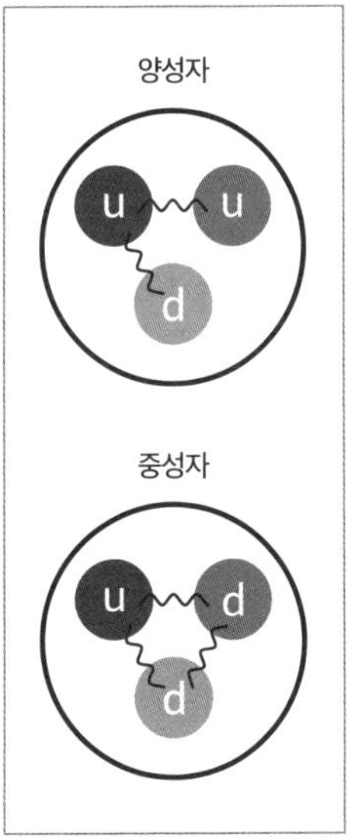

쿼크는 양성자와 중성자 속에 결합되어 있고, 물결 모양의 선은 글루온이다.

결합함으로써 전체적으로 전하를 가지지 않는다. 양성자는 업 쿼크 2개와 다운 쿼크 1개를 결합함으로써 +1e의 전하를 가진다.

변하는 쿼크

대부분의 쿼크는 안정적이고 에너지 수준이 낮은(1세대) '업'과 '다운' 쿼크다. 다른 네 가지 유형은 에너지 수준이 높은 쿼크로, 빠르게 붕괴해서 업 쿼크나 다운 쿼크로 변한다. 참 쿼크와 톱 쿼크는 업 타입의 쿼크로, 붕괴해서 업 쿼크로 변한다. 스트레인지 쿼크와 보텀 쿼크는 다운 타입의 쿼크로, 붕괴해서 다운 쿼크로 변한다. 또한 다운 타입의 쿼크는 W-보손boson을 방출함으로써 대응하는 업 쿼크로 붕괴할 수 있다. 역으로 업 타입의 쿼크는 W-보손과 상호작용해서 대응하는 다운 쿼크가 될 수 있다. 이런 식으로 W-보손은 방사성 붕괴를 매개한다. 중성자의 다운 쿼크가 W-보손을 방출하면 양성자가 된다. 다운 쿼크에서 업 쿼크로의 변화는 -2/3e에서 +1/3e로 전하의 변화를 가져온다. 전하는 전자(-1e)의 형태로 손실된다. 이것은 W-보손이 전자와 전자 중성미자로 붕괴할 때 나타난다.

렙톤

렙톤은 결합해서 다른 입자를 만들지 않고 홀로 존재하기 때문에 더 간단하다(쿼크는 홀로 존재하지 않는다). 전자와 뮤온, 타우는 모두 전하와 상당한 질량을 가지며, 이들과 대응하는 중성미자는 질량이 매우 작고 전하를 띠지 않는다. 중성미자는 원자핵이 결합하거나 분리될 때마다 생성된다. 중성미자는 순간적으로 존재하거나 사라질 수 있고, 유형이 순식간에 바뀔 수 있고, 심지어 유형과 질량을 결합할 수 있는(양자 중첩 사례, 286쪽 참조) 정의하기 어려운 입자다. 중성미자는 질량이 전자의 100만분의 1도 안 되고 지구를 포함한 대부분의 물질을 바로 통과할 수 있으며, 따라서 탐지하기가 매우 어렵다. 중성미자는 1930년에 예측되었지만, 1956년까지 발견되지 않았다. 그럼에도 중성미자는 우주에서 광양자 다음으로 많은 입자다.

힘을 느끼다

물질을 구성하는 입자인 쿼크와 렙톤에는 힘이 작용하고, 보손이라는 또 다른 입자 그룹이 이런 힘을 매개한다. 광양자는 원자와 분자를 결합하는 전자기력을 매개한다. 방사성 베타 붕괴에 필수적인 약한 핵력은 W와 Z 보손이 매개한다. 글루온gluon은 강력한 핵력을 생성하고 원자의 양성자와 중성자에서 쿼크를 결합한다. 중력은 아직 충분히 설명되지 않았다. 중력은 중력자graviton가 매개할 수도 있지만, 중력자는 아직 발견되지 않았다.

파인먼 도표Feynman diagram로 불리는 이런 유형의 도표는 원자보다 작은 입자들의 행동을 보여준다. 수직선은 통과 시간이며, 도표의 하단은 가장 초기 단계다. 업-다운-다운 쿼크udd를 가진 중성자로 시작한다. 도표의 꺾어지는 부분에서 중성자는 W-보손과 상호작용하고, 다운 쿼크 중 하

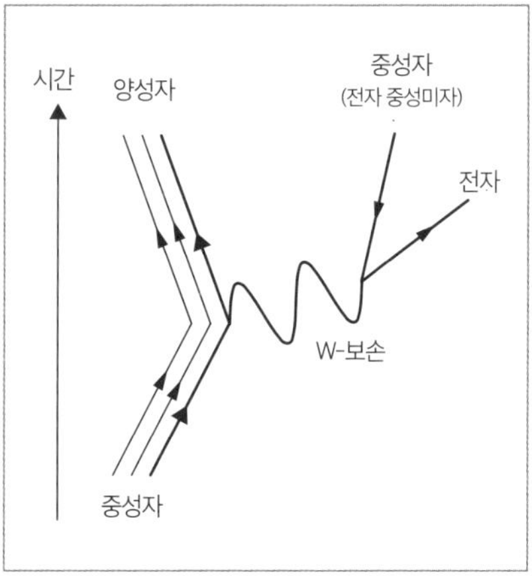

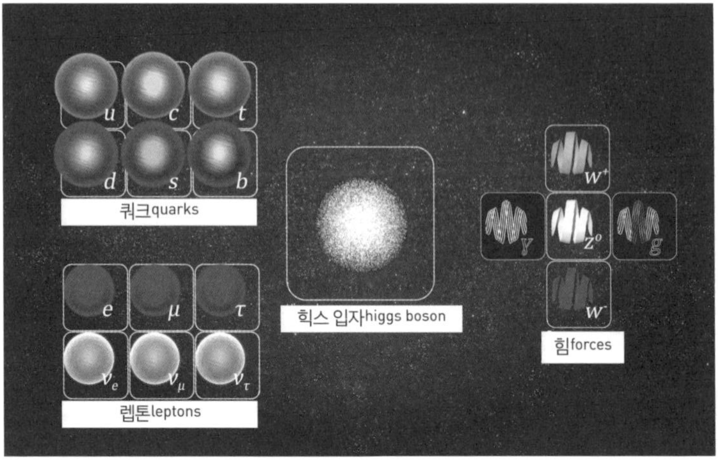

표준 모델 - 렙톤, 쿼크, 보손.

나가 전자와 중성미자를 잃어 업 쿼크udu가 된다. 이때 중성자는 양성자로 바뀐다. 이로 인해 원자의 원자번호가 바뀌므로 다른 원소가 된다. 이것이 방사성 붕괴의 특징이다.

힉스 보손의 등장

그밖에 힉스 보손Higgs boson이라는 추가 보손이 있다. 1967년에 처음 제안되었고 2012년에 발견된 이것은 입자에 질량을 부여하는 것으로 보인다. 1970년대에 과학자들은 약한 핵력과 전자기력을 하나의 '전자기 약력electroweak force'으로 결합할 수 있다는 것을 깨달았다. 대체로 이 계산에는 문제가 없었지만, 방정식에 따르면 관련된 보손들의 질량이 0이라는 결론이 나왔다. 광양자의 경우는 이것이 참이지만, W와 Z 보손은 질량이 있다. 새로운 제안이 이 문제에 답을 내놨지만, 새로운 입자가 필요했다. 빅뱅 이후 우주가 냉각되면서 힉스

장Higgs field이라는 새로운 장이 자연적으로 곳곳에 나타났다. 이 힉스 장과의 상호작용을 통해 입자에 질량이 부여되고, 힉스 장은 힉스 보손이 매개한다. 입자가 힉스 장과 더 많이 상호작용할수록 질량이 커지게 된다. 광양자는 힉스 장과 전혀 상호작용하지 않기 때문에 질량이 없다. 다른 입자들은 상호작용의 정도에 따라 질량이 달라진다.

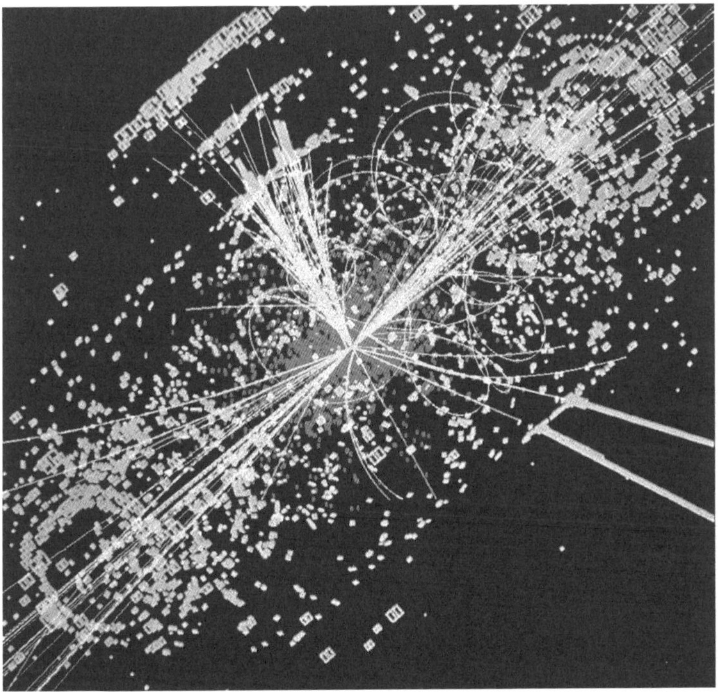

힉스 보손을 생성하는 입자 충돌 시뮬레이션.

33

감염 예방 청결 유지

소독

오늘날 수술하거나 상처를 입으면 감염으로 사망할 가능성은 적지만, 과거에는 흔한 일이었다. 세균이 질병과 감염을 일으킨다는 사실(93쪽 도입글 참조)을 사람들이 알기 전에는 감염을 막을 믿을 만한 수단이 없었다. 1860년대에 소독제가 개발된 이래 지금까지 수술과 우발적인 부상은 훨씬 덜 위험해졌다.

1차 방어선

우리 주변의 공기, 물, 흙, 그리고 우리 몸의 표면에는 수백만의 미생물이 있다. 피부에 상처가 났을 때 미생물들은 쉽게 우리 몸속으로 들어올 수 있고 이들 중 일부는 해롭다. 해로운 미생물을 흔히 세균이라고 부른다. 우리 몸속의 따뜻하고 습한 환경에서 세균은 매우 빠르게 번식하고 조직을 파괴하거나 질병을 일으킬 수 있다. 우리 몸은 침입하는 미생물에 대한 방어력이 있지만, 이 방어력은 특히 우리 몸이 질병이나 외상으로 약해지면 침입자에게 제압될 수 있다. 감염된 상처는 패혈증이 되어 고름이 생기고 염증과 통증을 유발하며 주변 조직의 괴사를 초래한다. 감염이 확산해 사지 전체에 괴저 현상이 나타나 사망에 이를 수 있다.

일단 감염이 되면 항생제를 사용해서 치료할 수 있다(213쪽 참조). 하지만 감염을 예방하는 좋은 방법은 세균이 들어올 때 살균제를 사용해서 세균을 죽이는 것이다.

이해하지 못한 채 사용

사람들은 오래전에 어떤 물질들이 감염을 막는 효과가 있다는 것을 발견했다. 고대 그리스에서 의사 히포크라테스(기원전 460~377)는 상처 소독에 포도주나 식초 사용을 권장했다. 이것들은 멸균에 도움이 될 것이다. 고대 페르시아(현재의 이란)에서는 식수를 소독 효과가 있는 구리 냄비에 보관했고, 페루와 동남아시아에서는 발삼balsam(식물에서 추출한 수지)을 사용해서 상처를 보호했다. 이것은 유럽에서 중세부터 19세기까지 사용되었다.

프랑스의 위대한 군의관 앙브루아즈 파레Ambroise Paré는 1536년 전쟁터에서 심한 부상을 치료하는 데 장미 기름, 달걀 노른자위, 테레빈유 등을 사용하는 것이 불에 달군 쇠나 끓는 기름으로 상처를 지지는 잔인한 전통적 관행보다 결과가 훨씬 낫다는 것을 발견했다. 그의 환자들은 운이 좋았다. 그가 끓는 기름이 다 떨어져서 다른 방법을 시도했기 때문이다. 이 방법은 환자가 쇼크사할 가능성이 적을 뿐만 아니

앙브루아즈 파레.

라, 세균이 번식하기 어려운 환경을 제공하기 때문에 상처가 치명적으로 감염될 가능성 역시 줄어들었다.

18세기에 존 프링글 경Sir John Pringle(1707~1782)은 소독제 특성을 가진 일련의 물질들을 연구했다. 곧 염화수은과 요오드가 유용한 적용 목록에 추가되었다. 하지만 이 중 어느 것도 가벼운 부상 이상을 보호할 만하지 않았다. 심각한 감염을 예방할 방법이 없었기 때문에 절단 수술에 따른 사망률은 거의 50%에 달했다.

청결은 경건함 다음으로 중요하다?

오늘날 감염을 예방하기 위한 첫 번째 규칙은 청결이다. 이제 이 사실은 너무나 명백해서 불과 200년 전만 해도 의사들이 손을 씻거나 의료 기구를 닦지 않은 채 한 환자에서 다음 환자로 옮겨 다녔을 거라는 사실은 생각만 해도 소름 끼치는 일이다. 먼 옛날의 일부 의사들은 위생법이 환자들의 예후를 좋게 한다는 사실을 잘 알고 있었지만, 분명 도중에 잊어버렸을 것이다. 19세기 외과의사들은 평상복을 입고 그 위에 일하는 동안 피와 고름이 쌓이는 앞치마나 가운을 걸쳤다. 그들의 손과 기구는 한 환자에서 다른 환자로 세균을 옮겼을 것이다. 그들은 감염된 시체를 해부하고 나온 후에도 소독하지 않았다. 환자들이 죽어간 것은 놀라운 일이 아니다.

19세기 빈에서는 아기를 낳기 위해 병원에 입원한 여성들이 사망할 가능성이 컸는데, 일부 병동에서는 사망률이 거의 20%에 육박했다. 원인은 자궁이 연쇄상구균streptococcus에 감염되는 산욕열産褥熱, puerperal fever이었다. 이 세균이 산부인과 병동을 휩쓸고 지나가며 산모들을 죽음으로 몰고 갔다. 1847년 헝가리의 의사 이그나즈 제멜바이스Ignaz Semmelweis는 이렇게 높은 사망률 때문에 매우 곤란을 겪었고, 자신은 물론 학생들과 동료들에게도 비누와 염소로 손을 씻도록 했다. 그는 한 동료가 부검 중에 손가락을 베인 후 산욕열과 비슷해 보이는 감염으로 사망한 후에 이 아이디어를 떠올렸다. 손을 씻는 것만으로도 사망률이 18%에서 약 1%로 감소했다. 제멜바이스가 가장 유명하지만, 이 아이디어를 처음으로 낸 사람은 아니었다. 미국의 올리버 웬들 홈스Oliver Wendell Holmes와 스코틀랜드의 알렉산더 고든Alexander Gordon이 거의 같은 아이디어를 내놨지만, 그 누구도 작동 원리를 이해하지 못하고 비웃었기 때문에 거의 영향을 미치지 못했다. 이 아이디어는 감염이 '체액'이나 '나쁜 공기'의 불균형으로 인해 발생한다는 그 당시의 감염 모델과 맞지 않았다.

소독제 또는 살균제?

소독제antiseptic는 감염을 막기 위해 살아 있는 조직과 그 근처에 사용한다. 살균제disinfectant는 생명체가 아닌 물체의 표면에 사용한다. 살균제는 생체에 사용되지 않기 때문에 더 독할 수 있다. 표백제는 인체 세포를 포함한 많은 종류의 세포를 죽이기 때문에 효과적인 살균제다.

냄새에서 나온 해결책

돌파구는 영국 외과의사 조지프 리스터Joseph Lister가 1865년에 파스퇴르의 세균 이론에 관한 연구를 읽었을 때 나왔다. 공기 중의 미생물이 상처에 감염을 일으키는 것이 아닌지 생각한 그는 미생물을 죽이거나 증식을 막는 방법을 찾았다. 당시에는 악취를 막기 위해 오수를 처리하는 데 석탄산(페놀)을 사용했다. 썩어가는 하수 냄새를 유발하

조지프 리스터.

는 미생물을 죽여서 악취를 막았다. 리스터는 소독제로 석탄산을 사용하려고 시도했다. 1867년 그의 첫 환자는 말이 끄는 수레에 치여 복합 골절상을 입은 일곱 살 소년이었다. 그 당시에는 골절상을 입은 뼈가 피부를 관통하는 복합 골절은 대부분 치명적이었다. 리스터는 다리를 수술할 때 상처와 주변 부위에 석탄산을 뿌리고 소년의 상처 위에, 석탄산에 적신 붕대를 감았다. 이 소년은 감염에서 헤어나 살아남았다. 리스터는 계속해서 석탄산 스프레이를 사용해서 많은 수술을 한 다음 소독제에 적신 붕대로 상처를 감았다. 이런 식으로 그는 있는 박테리아를 죽이고 상처가 덧나는 것을 막았다.

깨끗한 수술

마취제의 발달은 실제로 수술로 인한 사망률을 호전시키기보다는 더 악화시켰다. 환자들이 움직이지 않으므로 외과의사들은 더 복잡한 수술을 할 수 있었고 이전에는 불가능했던 신체 주요 부분을 열 수 있었다. 소독제의 발달로 생명을 구하는 복부 수술이 진정으로 가능해졌다. 이렇게 박테리아가 인체 속으로 들어오게 했다.

34

소독보다 더 섬세하고 정확한 살균 항생제

소독법은 박테리아를 비롯한 미생물에 의한 감염을 예방하는 방법이다. 만약 이미 감염이 되었다면 어떻게 해야 할까? 이때는 감염이 세균성에 의한 것이라면 항생제가 필요하다.

섬세하고 정확한 기술

소독법은 폭넓게 작용하는 개괄적인 방법이다. 이는 박테리아 세포나 다른 생물학적 감염 매개체를 파괴하는 적대적인 환경을 조성하며 효과를 발휘한다. 하지만 항생제는 소독법보다 더 섬세하고 정확하다. 항생제는 박테리아에 대해서만 작용하고, 바이러스, 곰팡이, 기생충 등에 의한 감염을 해결하지 못한다. 항생제는 종류가 다양하며 각각 다른 박테리아 그룹에 작용한다. 어떤 항생제는 '약효 범위가 넓은' 항생제로 우리에게 도움이 되는 박테리아(예컨대 소화에 관여하는 장내 유익균)를 포함해서 광범위한 박테리아를 죽인다. 다른 항생제는 좁은 범위나 특정 박테리아에만 작용한다. 따라서 각각의 특정 세균 감염에 대해 특정 항생제가 처방된다.

곰팡이 관련 실수

맨 처음 확인된 항생제는 페니실린이었다. 페니실린은 1928년 알렉산더 플레밍Alexander Fleming이 발견했다. 플레밍은 부스럼과 인후염을 일으키는 포도상구균을 연구했다. 그는 박테리아 배양균이 담긴 페트리 접시를 청소하지 않고 쌓아둔 채 휴가를 떠났다. 휴가에서 돌아왔을 때 그는 박테리아가 죽은 배양 접시에서 여러 개의 깨끗한 원을 발견했다. 조사 결과 곰팡이가 어떤 종류의 즙을 분비한 것을 발견했고, 그와 조수들은 박테리아를 죽인 성분을 분리하려고 시도했다. 연구가 끝날 무렵 플레밍은 푸른곰팡이의 일종인 페니실륨 노타툼Penicillium notatum이라는 상당히 불안정하고 다루기 어려운 물질을 만들어 내지만, 이것이 몇몇 종류의 박테리아를 죽인다는 것을 발견했다. 이것은 아직 약은 아니었지만, 미생물학 실험실에서 다른 종류의 박테리아를 분리하는 데 유용할 것으로 보였다.

2차 세계대전 발발 직전 하워드 플로리Howard Florey와 언스트 체인Ernst Chain은 페니실륨 즙을 생산하고 추출하는 작업을 시작했다. 그들은 욕조와 싱크대 등 이용할 수 있는 모든 용기에서 이 곰팡이를 키우면서 1주일에 500ℓ의 액체를 처리하며 연구가 열매를 맺었다. 1940년에 이들은 이 추출물이 포도상구균 감염으로부터 쥐를 보호할 수 있다는 것을 보여주었다. 이듬해 이들은 장미 가지를 치다가 얼굴을 긁혀 감염된 첫 번째 인간 환자인 한 경찰관에게 페니실린을 시험했다. 페니실린을 주사한 후 환자의 감염 증상이 사라졌다. 하지만 페니실린 공급이 부족해서 며칠 후 사망했다. 플로리와 체인은 자신들에게 필요한 결과를 얻었고 페니실린은 다른 환자들에게 성공적으로 사용되기 시작했다.

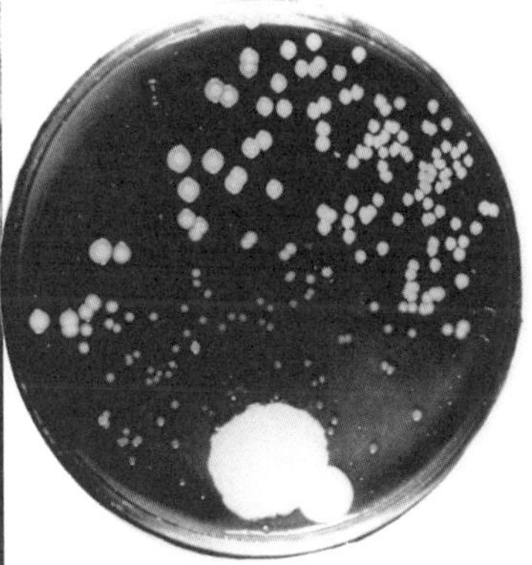

알렉산더 플레밍(왼쪽). 그는 접시에 박테리아와 항균 물질을 키웠다(오른쪽).

점점 더 많은

페니실린 발견 이후로 더 많은 항생제가 발견되고 약으로 개발되었다. 많은 항생제는 종종 토양에서 발견되는 곰팡이로 만들지만, 이런 곰팡이들은 다른 환경에서도 발견될 수 있다. 어떤 항생제는 조류藻類, algae나 이끼, 식물, 심지어 다른 박테리아로부터 나온다. 자연에서 항균성 화학물질은 살아 있는 유기체가 박테리아의 공격으로부터 자신을 보호하기 위해 만들어 낸다. 과제는 이런 화학물질을 찾고, 확인하고, 재생하는 것이다.

황금시대

항생제는 의학에 혁명을 일으켰다. 1940년대까지만 해도 상처에 세균이 침입해 발생하는 감염과 싸울 방법이 없었다. 우발적인 부상과 수술로 인한 상처 모두 감염에 취약해 치명적일 수 있다. 결핵에서 요로 감염증에 이르기까지 박테리아에 의한 다른 감염도 항생제로

2차 세계대전 동안 페니실린은 대량 생산되었다.

치료한다. 항생제 이전에는 류머티즘열, 세균성 폐렴, 그리고 많은 다른 질병에 대한 치료법이 없었다. 항생제를 사용한 국가들의 기대 수명이 증가했다. 미국에서는 노인 인구 비율이 4%에서 13%로 증가했다. 선진국의 주요 사망원인은 감염에서 심장 질환, 암 등 비감염성 질환으로 바뀌었다. 사람들은 더 이상 치아 농양, 방광염, 장미 덤불에 긁힌 상처로 죽지 않았다. 1950년대부터 1970년대까지 새로운 종류의 항균제가 정기적으로 발견되었고, 약은 거의 모든 감염을 퇴치할 수 있었다.

항생제의 작용 원리

항생제는 다양한 전략을 구사해서 박테리아를 공격한다. 항생제는 미생물을 직접 죽이거나, 미생물이 성장하거나 번식하는 것을 막을 수 있다. 어떤 항생제는 박테리아가 필요한 단백질을 만드는 것을 막는다. 또 어떤 항생제는 박테리아가 DNA를 만드는 것을 막거나 박테리아의 DNA를 분해한다. 다른 항생제는 세포벽이나 세포막을 붕괴시켜서 세포를 드나드는 것들을 박테리아가 통제할 수 없게 하거나, 세포에서 일어나는 화학 반응을 방해한다. 항생제는 이를 복용하는 사람이나 동물의 세포에 해를 끼치지 않는다. 사람이나 동물의 세포는 박테리아 세포와 매우 다르기 때문이다.

하지만 황금기는 지났다. 항생제는 감염과 싸우는 데 너무나 성공적이어서 무분별하고 불필요하게 남용되었다. 항생제가 소용없는 바이러스 감염이 원인으로 작용하는 감기 환자들에게 항생제를 투여했다. 가축들이 더 빨리 자라게 하고 감염을 예방하는 데 항생제를 대량으로 사용했다. 박테리아는 빠르게 번식한다. 이는 박테리아가 빠르게 진화할 수 있다는 것을 의미하는 동시에 돌연변이를 일으키고, 항생제에 대한 내성 등 새로운 특성을 획득할 수 있는 기회가 된다. 최근 수십 년 동안 한 번 죽인 박테리아가 계속 진화하면서 점점 더 많은 항생제의 효과가 없어졌다. 박테리아는 이제 내성이 있고, 항생제는 듣지 않는다. 최초로 내성을 갖게 된 박테리아는 1920년대에 플레밍이 연구한 바로 그 박테리아인 황색포도상구균Staphylococcus aurea이었다. 메티실린 내성 황색포도상구균MRSA, Multi-Resistant Staphylococcus Aurea은 이제 페니실린뿐만 아니라 우리가 투여할 수 있는 거의 모든 항생제에 내성이 생겼다. 사람들은 병원에서 20세기에 치료될 수 있는 감염으로 다시 한번 죽어가고 있다.

점점 더 강해지는 내성

박테리아는 간단한 단세포 생물이다. 어떤 것들은 종간에 유전 물질을 전달할 수 있다. 이는 만약 한 종류의 박테리아가 항생제에 내성이 생겼다면 이전에 항생제에 죽었던 다른 종류의 박테리아에 그 내성을 물려줄 수 있다는 것을 의미한다. 항생제에 내성이 있는 박테리아는 약한 동료 박테리아들이 죽임을 당하는 곳에서 살아남을 것이다. 그러고 나서 이들은 지배적인 변종이 된다. 즉 진화하고 있다.

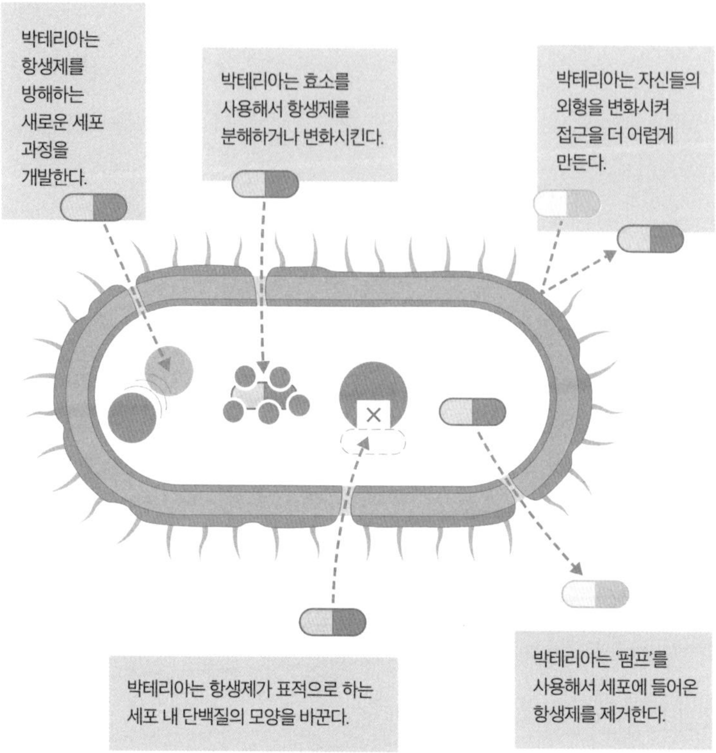

박테리아에는 항생제에 저항하는 몇 가지 메커니즘이 있다.

35

물질은 영원히 그대로일까?

물질의 보존

오늘날 우리가 들이마시는 산소 원자는 45억 년 전 지구가 형성되었을 때 존재했다. 이 산소는 20억 년 후에도 여전히 여기에 있을 것이다. 그리고 이는 우리 몸속의 모든 원자와 우리가 음식으로 섭취하는 모든 원자에도 해당한다.

물리적 변화

물질은 생성되거나 파괴될 수 없지만, 물리적, 화학적으로 변하고 형태를 바꿀 수 있다. 물리적 변화는 개별 원자와 분자에 어떤 변화도 일으키지 않고 가역적이다.

물은 물리적 변화를 자주 겪는 물질의 한 예다. 물은 고체(얼음), 액체(물), 기체(수증기)의 세 가지 상태로 존재할 수 있다. 물은 가열하거나 냉각하면 이 세 가지 형태로 변한다. 물 분자는 모든 경우에 같지만, 세 가지 상태에서 다르게 배열되고 다르게 움직인다. 얼음 속에서 물 분자들은 결정 격자 안에 고정되어 있고 오직 제자리에서 진동만 할 수 있다. 액체 상태의 물속에서 물 분자들은 움직일 수 있다. 그래서 물이 흐른다. 기체 상태에서 물 분자들은 매우 자유롭게 움직일 수 있고 서로 훨씬 더 멀리 떨어져 있다. 수증기 1g은 물이나 얼음 1g보다 훨씬 넓은 공간(훨씬 큰 부피)을 차지한다. 물 분자가 더 넓게 분포되어 있기 때문이다.

물이 여러 상태로 물리적인 변화를 일으킬 때 어떤 분자도 추가되거나 제거되거나 변화하지 않는다. 일정량의 물은 얼기 전후의 질량이 같고, 녹거나 증발할 때도 질량이 같다.

화학적 변화

화학적 변화는 개별 원자와 분자에 영향을 미친다. 화학적 변화는 출발 물질을 완전히 변화시킨다. 타는 기름이나 녹슨 쇠를 예로 들 수 있다. 변화에 의해 생성된 물질은 과정이 시작될 때의 물질과 다른 특성을 지닌다.

모든 생명 과정과 대부분 무생물 과정은 화학 반응을 통해 일어난다. 이런 화학 반응은 반응물(시작하는 물질)의 분자들을 분해하고 원자 사이에 새로운 결합을 만들어 반응으로 인한 생성물을 만든다. 우리가 섭취한 음식물이 소화되는 동안 장에서 화학적으로 분해되고 우리 몸은 필요한 화학물질을 사용해서 새로운 분자로 만들고 나머지는 내보낸다. 우리가 먹는 음식의 질량은 우리 몸에 저장되거나 사용되는 화학물질과 배설된 화학물질을 합한 질량과 같다. 마찬가지로 바위 표면이 산성비에 녹으면 그것은 그냥 사라지지 않는다. 암석의 입자들과 용해된 화학물질들은 씻겨 내려가서 결국 강이나 바다에 도착한다. 어떤 화학물질들은 기체 상태로 대기 중으로 증발할 수도 있다. 제거된 암석의 질량은 침전물의 작은 입자들과 용해된 광물들, 그리고 반응에서 발생해 방출된 기체의 총질량과 같다.

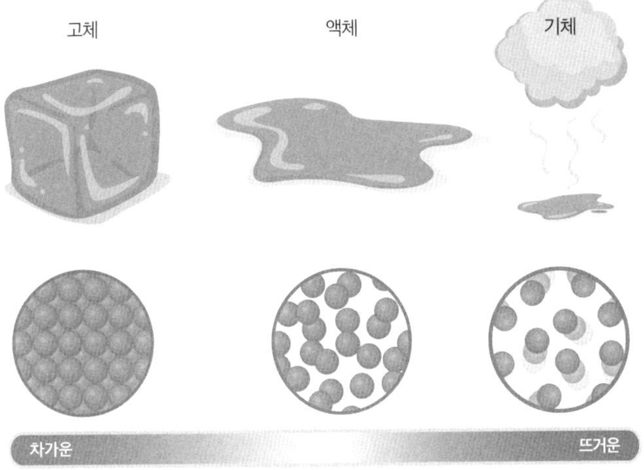

물의 여러 상태.

화학 반응은 각 반응물의 원자나 분자가 얼마나 필요한지, 그리고 반응에서 각 생성물의 원자나 분자가 얼마나 만들어지는지를 보여주는 방정식으로 표현된다. 어떤 물질도 생성되거나 파괴될 수 없기 때문에 방정식은 균형을 이루어야 한다. 화학 방정식 $6CO_2 + 6H_2O ⇨ C_6H_{12}O_6 + 6O_2$는 광합성 반응으로, 식물이 이산화탄소($CO_2$)와 물($H_2O$)로 포도당($C_6H_{12}O_6$)과 산소($O_2$)를 만드는 과정이다.

방정식의 각 면에는 탄소 원자 6개, 수소 원자 12개(식의 첫 번째 면에서 수소 원자 2개를 가지는 수소 분자 6개), 산소 원자 18개(이산화탄소 분자에 12개, 물 분자에 6개)가 있다. 이는 임의의 양으로 확장할 수 있다. 방정식은 원자 수와 관련해서 필요한 비율을 보여준다.

물질로 시작하기

우주에서 최초로 형성된 원자는 수소와 헬륨이었다. 다른 원소들은 별들의 중심부와 초신성supernovae, 즉 몇몇 큰 별들이 일생을 마감하는 거대한 폭발에서 만들어졌다. 이 원자들은 수십억 년 동안 재활용되고, 화합물을 형성하고, 다시 그 화합물에서 떨어져 나와 다른 화합물을 계속해서 만들어 왔다. 45억 년밖에 되지 않은 우리 지구는 이전에 다른 태양계에 있었던, 아마도 오래전에 죽은 다른 행성에 있었던 원자를 사용한다. 그리고 지구가 없어진 후에도 원자는 우주의 다른 곳에서 계속 존재할 것이다.

광합성을 통해 녹색 식물은 햇빛 에너지를 이용해서 물과 이산화탄소로 포도당을 만든다.

36

모든 것이 질서정연하게
생물 분류

사람들에게는 사물을 그룹으로 나누고, 유사점과 차이점을 바탕으로 구분하고 싶은 강한 충동이 있다. '식물'과 '동물' 같은 단어 존재 자체가 우리가 광범위한 생물 집단을 구별한다는 것을 보여준다. 널리 통용되는 식물이나 동물은 없다. 우리는 단지 예를 들어서 이 용어들을 설명할 수 있을 따름이다.

이런 구분을 공식화하는 데 대한 관심은 일찌감치 시작되었고, 궁극적으로 현재 우리가 모든 생물체에 사용하는 생물학적 명명 체계로 이어졌다.

차이 보기

그리스 철학자 아리스토텔레스(기원전 384~322)는 최초로 생물을 분류하려는 시도를 한 것으로 알려졌다. 그는 먼저 식물과 동물을 나누고 나서 이들 사이의 차이점을 바탕으로 동물을 분류했다(그의 식물 연구는 사라졌다). 그는 우선 동물을 피가 붉은 동물과 그렇지 않은 동물로 나누었다. 이는 우리의 척추동물(등뼈가 있는 동물)과 무척추동물(등뼈가 없는 동물) 구별과 일치한다. 척추동물은 피가 붉기 때문이

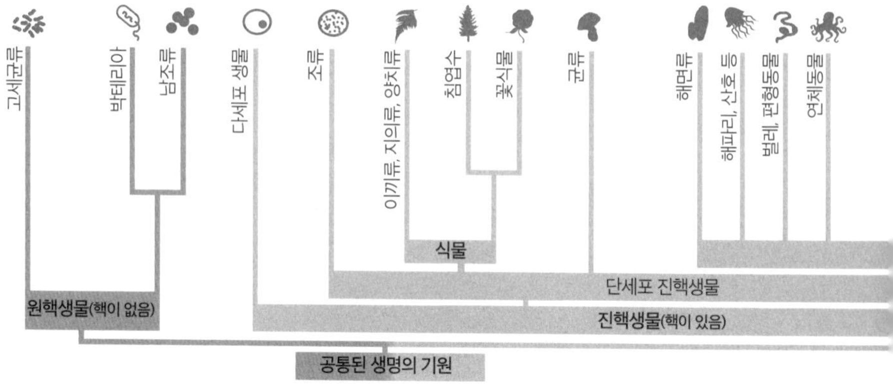

다. 다음으로 그는 각각의 그룹을 다섯 개로 나누었다.

아리스토텔레스가 생물의 기본 분류 체계를 잡고 얼마 지나지 않아 그의 제자 테오프라스토스Theophrastus(기원전 371~287)는 식물을 나무tree와 관목shrub, 여러해살이 초본herbaceous perennial(다년초), 초본herb으로 분류했다. 그는 식물을 세분화하고 식물의 번식 방법과 크기, 자라는 장소, 식용이나 약용 식물로서의 실용적인 용도 등을 설명했다. 아리스토텔레스와 테오프라스토스는 분류의 근거를 선천적인 특성보다는 관찰할 수 있는 특징에 두었다. 예컨대 어떤 식물이 크고 우거지면 나무로, 작으면 관목으로 분류했다.

장기간에 걸쳐

이런 초기 분류는 약 2000년 동안 사용되었다. 그런 다음 16세기와 17세기에 유럽인들은 더 먼 곳을 여행하고 생물학적 표본을 수집하기 시작했다. 이들은 새로운 방법을 사용해서 자신들이 발견한 새로운 유기체를 분류했다. 하지만 여러 분류 체계를 사용하게 되면서 명확하기보다는 혼란이 가중되었다. 서로 다른 체계에서 같은 식물에

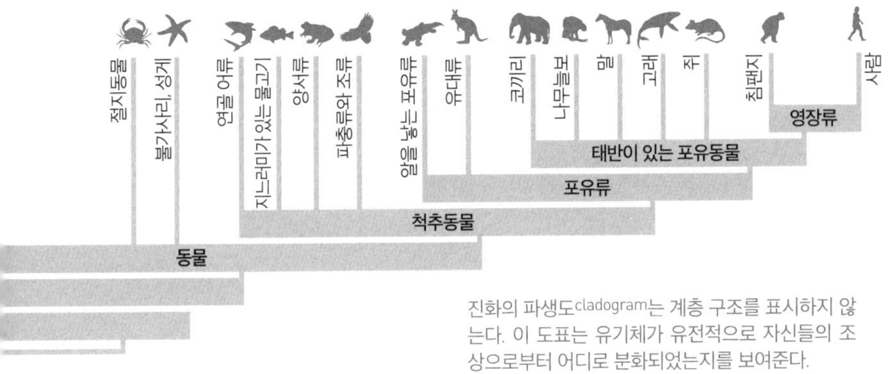

진화의 파생도cladogram는 계층 구조를 표시하지 않는다. 이 도표는 유기체가 유전적으로 자신들의 조상으로부터 어디로 분화되었는지를 보여준다.

다른 이름을 부여할 수 있었다.

스웨덴의 식물학자 칼 린네Carl Linnaeus는 혼합 체계를 정비하고 합리화해서 1735년에 자신의 분류 체계를 발표했다. 그는 모든 살아 있는 유기체를 식물과 동물 두 개의 '계kingdom'로 나누고, 무생물을 위한 제3의 계로 광물을 두었다. 그러고 나서 그는 각 계를 강class, 목order, 과family, 속genus, 종species의 다섯 단계로 더 나누었다. 한 종 내에서 비슷하지만 다른 예시를 다양성에 따라 나눌 수 있다. 모든 유기체에 먼저 속을, 다음으로 종을 보여주는 두 부분으로 구성된 라틴어 이름을 부여했다. 린네는 동물을 포유류, 조류, 양서류, 어류, 곤충, 벌레 등 6개 강으로, 식물은 24개 강으로 분류했다. 식물의 경우 처음 13개 강은 꽃들의 수술 수에 기반을 두었다. 수술 수는 꽃들 사이에 분명히 보이는 차이지만, 현재는 린네가 생각했던 것만큼 중요하게 여기지 않는다. 그는 마지막 식물 강에 모든 양치류와 조류, 균류를 포함했다(현재는 균류를 식물로 분류하지 않는다).

다소 수정을 거쳐 린네의 체계는 여전히 식물과 동물에 사용된다(광물은 제외). 새로운 생물은 때로는 한 속에 별도의 종으로 쉽게 추가할 수 있으며, 완전히 새로운 속을 추가해야 할 때도 있다.

린네는 자신이 분류한 식물과 동물의 본질적인 특징을 기초로 분류하려고 노력했다. 하지만 이마저도 어떤 특징을 다른 특징보다 더 중요하게 인식하는 사람들에게 의존했다. 예컨대 동물들을 색깔별로 분류하는 체계는 빈약한 분류 체계일 것이다. 이런 분류 체계에 따르면 종이 다른 벌들이 갈색 불곰과 노란색 카나리아보다 분명히 서로 더 가까운데도 갈색 동물과 노란색 동물로 분류될 것이기 때문이다. 린네와 그를 따르는 사람들은 의미 있는 유사점을 식별해 동물과 식물을 그룹화하려고 노력했다. 이에 따라 박쥐는 조류보다 다른 포유류와 더 많은 특징을 공유하기 때문에 날더라도 포유류로 분류된다.

새롭게 고치다

린네의 분류 체계는 아직도 사용되고 있지만, 거의 3세기에 걸쳐 상당히 새롭게 수정되었다. 20세기 후반에 생물을 고세균류archaea와 박테리아, 진핵생물eukaryotes로 나누는 새로운 단계를 계class 위에

추가했다. 고세균류와 박테리아는 모두 원핵세포(69쪽 상단 그림 참조) 하나로 이루어진 단순한 생명체이며, 단세포 조류algae에서 수십억 개의 세포를 가진 동식물에 이르기까지 더 정교한 진핵세포를 가진 모든 생물체는 진핵생물이다.

현대 분류학은 생물들 사이의 진화적 관계에서 분류를 뿌리내리고 이들을 연결하는 공통 조상을 찾으려고 노력한다. 이런 진화적 관계는 DNA 분석으로 테스트할 수 있지만, 당시 린네는 생물의 관련성을 객관적으로 측정하는 어떤 방법에도 접근할 수 없었다. 분기학cladistics은 분류에 변화를 더 추가했다. 일부 생물학자들은 현재 진핵생물들이 갈라져 들어간 계들을 부인하고 있다. 그 계에 속한 모든 구성원이 하나의 공통 조상 집단에서 온 것이 아니기 때문이다.

37

세포 내의 세포
세포내공생설

지난 45억 년 어느 시점에서 최초의 단세포 생물이 진화했다. 이들은 하나의 단순한 세포를 가진 유기체인 원핵생물prokaryote이었다. 하지만 단순하다고 무시해서는 안 된다. 이들은 적어도 10억 년 동안 유일한 생명체였다.

이들이 없었다면 오늘 우리는 여기에 없을 것이다. 오늘날 모든 유기체가 이들로부터 진화했을 뿐만 아니라 우리 몸 거의 모든 세포에 이들의 흔적이 남아 있기 때문이다.

원핵생물에서 진핵생물과 우리 인간까지

지구상의 모든 생물은 세포로 이루어져 있으며, 세포는 크게 원핵세포prokaryotic cell와 진핵세포eukaryotic cell 두 종류로 나눌 수 있다 (68~69쪽 박스 참조). 원핵세포가 최초로 등장해 세계를 지배했다. 원핵세포는 모든 환경에서 번성하는 고세균류와 박테리아에서 여전히 존재하며 우리 모두의 몸속에 있고 다른 모든 진핵생물에도 있다. 진핵생물은 식물과 동물 등 모든 다세포 생물을 포함하며, 세포막으로 둘러싸인 세포 기관organelle을 담고 있는 세포를 가지고 있다. 세포 기관은 세포에서 특정 기능을 수행하는 작은 기관이다. 그리고 이 세포 기관 중 일부는 오래전 아마도 25억 년 전에 우리의 초기 진핵생물 조상 세포에 사로잡힌 고대 원핵생물 세포들이다.

공생, 생명체 간 도움의 손길

공생은 자연계에서 흔하다. 이는 두 유기체가 협력적인 파트너십을 통해 서로 주고받는 상호 원조 관계이며, 우리 장 속의 미생물과 공생 관계를 맺고 있다. 내장에 특정 박테리아가 없다면 우리는 음식을 소화할 수 없을 것이다. 그리고 우리가 의존하는 박테리아들도 우리에게 의존하며, 우리 내부에 살면서 우리가 먹는 음식에서 모든 영양분을 얻도록 진화했다. 꽃식물은 곤충들에 의존하며, 곤충들은 다시 꽃식물에 의존한다. 즉 곤충들은 식물을 수분시키고 식물에서 먹이를 얻는다. 코뿔소, 하마처럼 큰 동물들은 기생충을 제거하는 새들에게서 이익을 얻고, 새들은 기생충을 먹으며 이익을 얻는다. 흔히 종들은 함께 진화한다. 예를 들어 어떤 꽃들은 한 종류의 곤충에 의해서만 수분이 이루어진다. 만약 이 중 한쪽이 멸종 위기라면 이들의 파트너 또한 멸종의 위협을 받을 것이다.

세포 속의 공생

과학자들은 세포 안의 미토콘드리아가 박테리아와 매우 닮았다는 것을 처음으로 알아챘다. 1970년대에 린 마굴리스Lynn Margulis는 초기 진핵세포가 원핵세포를 집어삼켰지만 소화하지는 않고 원핵세포와 공생 관계에 들어갔다는 설득력 있는 증거를 제시했다. 이들은 함께 내공생의 조화 속에서 살면서 진핵세포를 만든다. 원핵생물들은 자신들에게 필요한 유기 분자와 무기 분자를 공급받아 살 곳을 얻었고, 진핵생물들은 이들에게 에너지를 뽑아내는 일을 맡겼다. 이런 일이 발생한 세부 과정은 다음과 같다.

1. 먼저 원핵세포가 세포벽을 잃고 세포벽 밑에서 유연한 막이 자라나 안으로 접히기 시작했다. 이것이 세포 내에 막으로 둘러싸인 영역을 만들고, 궁극적으로 세포의 유전 물질을 가진 핵을 비롯한 여러 조직이 되었다. 이런 식으로 원핵세포는 원시 진핵세포가 되었다.
2. 원시 진핵생물은 주변의 물에서 유용한 분자를 섭취하는 대신 작은 원핵생물을 섭취할 수 있도록 발달했다.
3. 어느 순간 진핵생물은 독립 영양 원핵생물을 삼켰지만 소화하지는 않았다. 독립 영양 생물은 자신들의 먹이를 생산할 수 있다. 이 경우 원핵생물은 아마도 어떤 식으로든 광합성을 할 수 있었을 것이다. 이것은 진핵생물과 원핵생물 모두에게 이익이 되는 것으로 밝혀졌다. 원핵생물은 영양분을 공급받으면서 보호받고, 진핵생물은 원핵생물의 세포 호흡으로부터 에너지를 얻었기 때문이다.
4. 흡수된 또 다른 원핵생물은 궁극적으로 동물과 식물, 균류를 포함한 대부분의 진핵생물 세포에서 발견되는 미토콘드리아가 되었다. 이 관계가 영구적인 것으로 굳어지면서, 흡수된 원핵생물은 그 유전자 중 일부를 잃고 필요한 것들만 유지했다.
5. 식물 세포는 한 걸음 더 나아가 광합성을 하는 시아노박테리아 cyanobacteria(남세균)를 집어삼켰고, 이것은 궁극적으로 광합성을 수행하는 식물 세포 기관인 엽록체가 되었다.

진핵세포에 있는 더 많은 세포 기관도 그 기원을 진핵생물이 삼켰지만 소화하지 않은 원핵생물에서 찾을 수 있다.

이들은 그곳에서 무슨 일을 할까?

미토콘드리아와 엽록체는 세포를 위한 에너지를 생산하고 저장하는 데 관여한다. 에너지는 화학 결합의 형태로 저장된다. 미토콘드리아는 고에너지 인산 결합을 가진 ATP(아데노신3인산)라는 화학물질에 에너지를 저장한다. 세포의 생화학적 기능을 위해 에너지가 필요할 때 ATP는 분해되어 에너지를 방출하고 ADP(아데노신2인산)를 남긴다. ATP는 나중에 재생되는데, 이는 재충전할 수 있는 배터리와 같다. 또한 미토콘드리아는 세포의 성장과 재생에 관여한다.

세포에는 보통 많은 미토콘드리아가 있다(에너지 필요에 따라 다른 것보다 더 많은 것도 있다). 이들은 미토콘드리아 네트워크에서 함께 결합되어 있으며, 역동적이고 자주 변한다. 미토콘드리아는 세포 내에서 번식하고 축소된 자체 DNA를 가지고 있고, 유성 생식하는 유기체에서 미토콘드리아 DNA는 암컷 부모로부터 물려받는다. 난세포는 미토콘드리아를 포함하고 있지만, 정자 세포는 그렇지 않기 때문이다.

녹색 식물에는 미토콘드리아뿐만 아니라 엽록체도 있다. 엽록체는 광합성을 통해 햇빛 에너지를 사용해서 이산화탄소와 물로 포도당과 산소를 만들어 낸다. 포도당은 식물의 '연료'다. 포도당은 식물을 자라게 하고, 꽃과 씨앗을 형성하고 열매를 맺는 데 사용된다. 포도당 분자는 첨가되는 다른 물질들과 결합해서 섬유소와 탄수화물, 아미노산(단백질의 구성 요소)을 생성한다. 이것들은 식물의 줄기

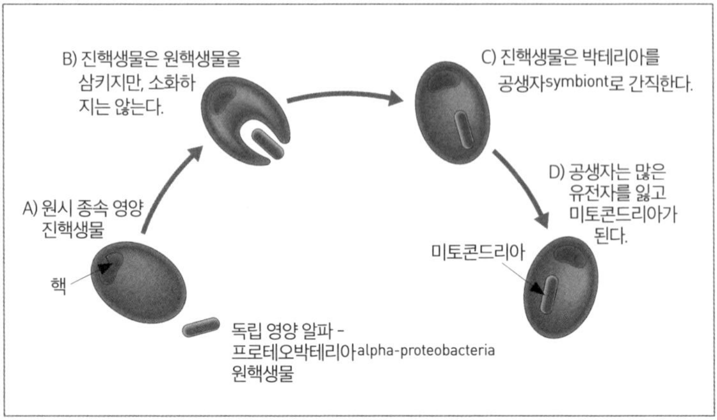

미토콘드리아의 내공생 기원.

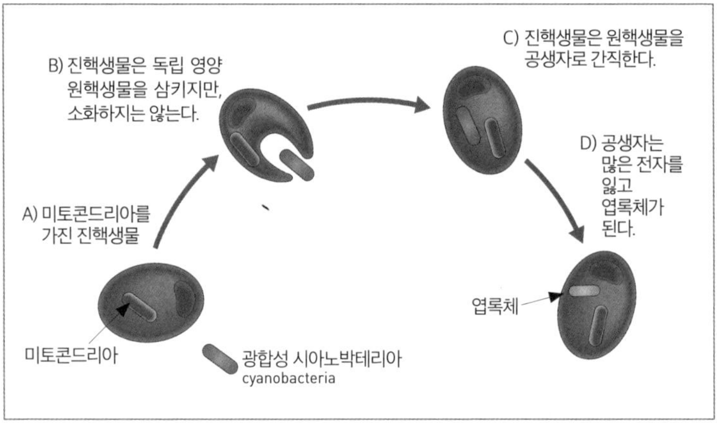

미토콘드리아와 엽록체의 기원.

를 이루는 더 큰 분자들이다. 동물들은 이런 중요한 화학물질을 합성하는 포도당을 생산할 수 없기에 에너지원과 영양분을 얻기 위해 식물을 먹거나 식물을 먹은 다른 동물들을 먹는다. 심지어 가장 전형적인 육식동물조차도 생명을 유지하기 위해 궁극적으로 식물과 식물의 엽록체가 된 원핵생물에 의존한다. 만약 내공생이 일어나지 않았다면 현재 지구에 널리 퍼져 있는 큰 진핵생물은 존재하지 않았을 것이다.

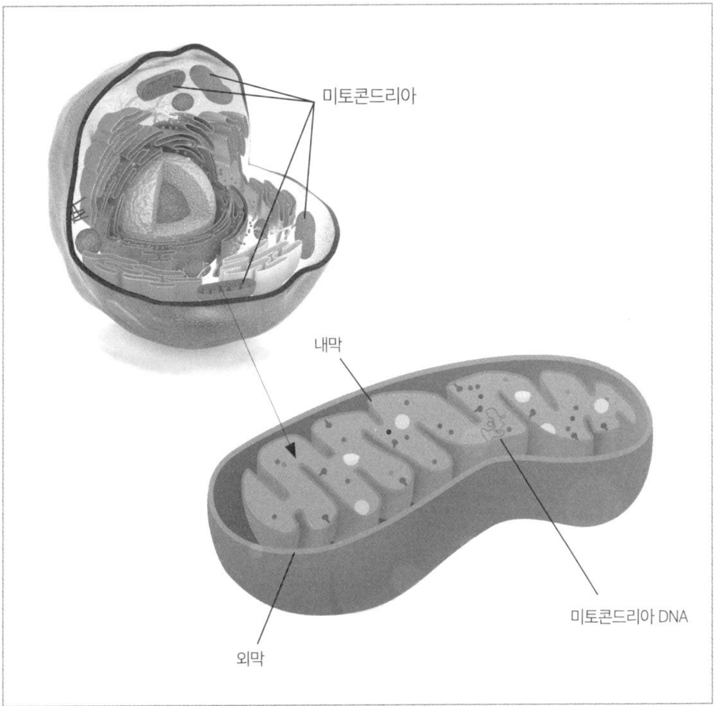

미토콘드리아 구조.

38

백신 접종 vs. 접종 거부

예방 접종

대부분 사람에게 어린 시절 예방 접종과 여행에 필요한 백신을 맞아야 한다는 것에 관해 별다른 이견이 없었다. 하지만 코로나19로 인해 백신 접종이 뜨거운 화제가 되었다. 팬데믹 기간 세계 대부분 지역에서 백신을 접종하라는 압력은 아마도 백신 접종이 시작된 이후 그 어느 때보다 더 많은 논쟁과 폐해를 초래했다. 백신 과학은 단순하지만, 사회적 측면은 복잡해졌다.

백신 접종과 소

'백신'이라는 단어는 소를 의미하는 라틴어 '바카vacca'에서 왔다. 천연두를 예방하기 위한 최초의 백신을 우두 고름집의 물질로 만들었기 때문에 이렇게 부르게 되었다. 우두는 천연두와 관련된 질병이지만 증상이 훨씬 가볍다. 우두는 손으로 젖소의 젖을 짜는 사람들의 손에 보기 흉한 종기를 일으키지만, 천연두는 치명적이다. 천연두는 전신에 발진과 극심한 열을 일으킨다. 천연두는 실명, 뇌 손상 또는 사망(사망률 30%)으로 이어질 수 있고 항상 보기 흉한 흉터를 남긴다. 천연두는 백신 접종으로 사라진 최초의 질병이 될 때까지 수천 년 동안 세계를 황폐화시켰다. 천연두 백신은 1796년 영국의 의사 에드워드 제너에 의해 개발되어 널리 사용되었다. 그는 우두가 천연두에 면역력을 부여하는 사실을 처음으로 알아차린 것도 아니고, 면역력을 유도하기 위해 우두를 처음으로 사용한 것도 아니었다. 하지만 그는 천연두 백신이 폭넓게 사용되도록 했다.

에드워드 제너.

몸 속이기

천연두는 바이러스성 질병으로 100년 후에야 그 바이러스가 확인되었기에 제너는 자신이 개발한 백신이 몸에서 어떻게 작용하는지 알지 못했다. 하지만 원리는 알지 못해도 백신이 효과적일 수 있다고 생각했다. 오늘날 우리는 백신이 특정 병원체와 싸울 수 있게 신체의 면역체계를 준비하는 방식으로 작용한다는 사실을 안다.

종두법

수 세기 전 중국, 인도, 아프리카 일부 지역 사람들은 건강한 사람들에게 소량의 천연두 바이러스를 주입함으로써 천연두 예방 접종 방법으로 '종두법variolation'을 실천했다. 종두법은 천연두 딱지 가루를 코에 불어넣거나, 천연두 고름집이나 딱지에서 나온 약간의 물질을 피부 아래에 주입하는 방식으로 이루어졌다. 이는 대개 환자가 회복되는 가벼운 질병을 일으켰지만, 위험이 없는 것은 아니었다. 1~2%의 사람이 사망하고, 다른 사람들에게 질병이 전염될 수 있었다. 이 방법은 1721년 메리 워틀리 몬태규Lady Mary Wortley Montagu가 유럽에 소개했다. 같은 해 오네시모Onesimus라는 노예가 목사이자 작가인 코튼 매더Cotton Mather에게 이 절차를 설명했고, 이것이 미국에서 사용되기 시작했다.

몸이 반격에 나서다

우리 몸은 질병을 일으키는 박테리아나 바이러스와 같은 병원체의 공격을 받으면 알 수 없는 침입자에게 공격을 개시한다. 이는 병원균에는 일반적으로 신체에서 발견되는 것과 일치하지 않는 화학물질이 있기 때문이다. 1차 방어선은 선천적 면역체계innate immune system다. 식세포 또는 NK세포natural killer cell(자연살해세포)로 불리는 이 면역 세포는 박테리아와 감염된 세포를 공격하고 파괴하고 제거한다. 면역 세포는 즉시 행동에 돌입할 수 있다. 2차 방어선은 적응 면역체계adaptive immune system다. 이는 특정 항원에 대항하는 항체를 만들고 항원과 만들어진 항체 정보를 저장하고 필요하다면 항체를 빠르게 재생산할 수 있다. 만약 수두 같은 질병에 걸리면 우리 몸은 수두 바이러스와 싸우기 위해 항체를 만든다는 의미다. 그리고 우리 면역체계가 질병을 퇴치하는 적절한 항체를 즉시 생산할 수 있기에 나중에 이 병에 다시 노출되더라도 수두에 걸리지 않는다.

백신은 우리 몸에 항원을 보여줌으로써 이에 대항하는 항체를 만들도록 자극한다. 비록 우리가 그 질병에 걸리지 않았지만, 백신은 항체를 기억하고 있고 만약 우리가 나중에 같은 항원에 노출된다면 우리를 보호하기 위해 빠른 반응을 일으킬 수 있다. 백신 성분은 우리 몸에서 오래 남아 있지 않고 곧 소멸한다. 하지만 생성된 항체를 만드는 방법은 오랫동안 저장된다.

약화 백신, 불활성화 백신, 메신저 리보핵산 백신

널리 사용되는 백신에는 크게 세 가지 유형이 있다. 약화 백신 또는 약화 생백신은 질병을 유발하는 병원체를 소량 포함하고 있다. 이는 병원체를 약하게 해서 질병을 일으키지 않도록 처리한 것이다. 하지만 면역 반응이 나쁜 사람들을 돌보는 사람들이나 면역체계가 손상된 사람들은 약화 생백신을 사용하기 전에 의학적인 조언을 들어야 한다. 약화 백신은 가장 강력한 면역 반응을 생성하며, 1~2회만 투여하면 평생 보호된다. 홍역과 풍진 백신은 약화된 바이러스를 사용한다.

불활성화 백신은 약해진 세균이 아니라 죽은 세균을 포함하고 있다. 면역 반응은 그렇게 강하지 않다. 불활성화 백신은 광견병, 소아마비, 독감 등에 사용된다.

메신저 리보핵산mRNA 백신은 원래 병원체를 어떤 형태로도 사용하지 않는다. 현재까지 사용된 mRNA 백신은 코로나19 백신뿐이다. 이 백신은 DNA와 단백질을 복제하는 역할을 하는 메신저 리보핵산의 일부만을 포함하고 있다. mRNA 조각에는 바이러스 표면의 스파이크spike에 존재하는 단백질을 만드는 지침이 포함되어 있다. 면역체계가 바이러스를 인식하는 데 사용하는 것이 이 단백질이다. 우리 몸의 몇몇 세포는 mRNA의 지시에 따라 스파이크 단백질

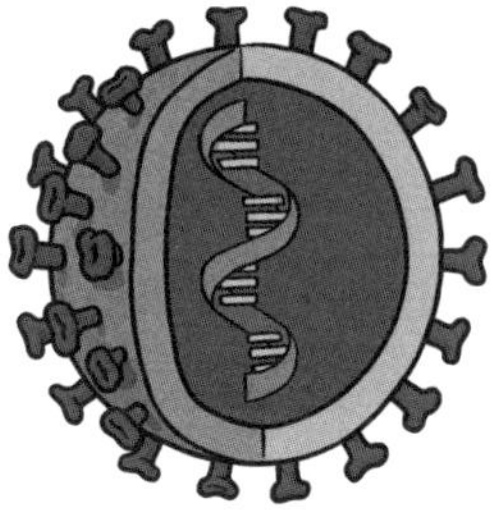

약화되거나 죽은 바이러스
또는 박테리아.

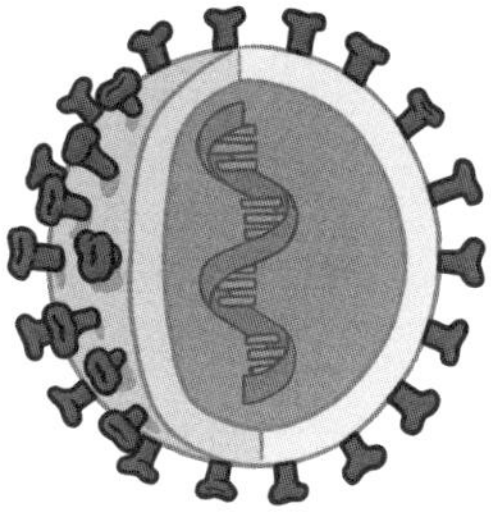

면역체계를 작동시키는 부분.

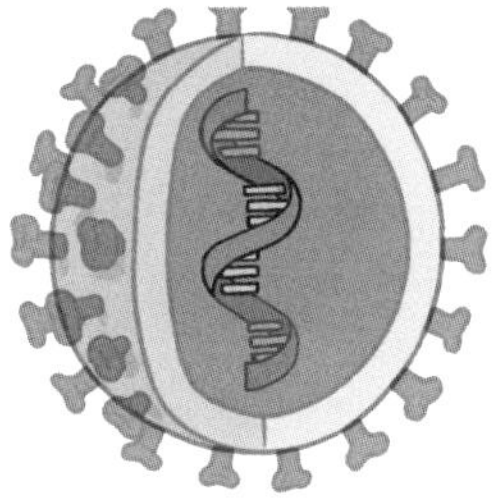

아주 작은 메신저
리보핵산mRNA 조각.

세 가지 유형의 백신.

18세기 만화가들은 우두에 기반을 둔 제너의 백신을 풍자하기를 즐겼다.

spike protein을 만들고, 면역체계는 이를 즉시 침입자로 인식한다. 우리 몸은 이 단백질에 노출되는 것만으로 감염 위험 없이 질병에 대한 항체를 만든다. mRNA 조각은 몇 시간 안에 분해되고, 생성된 단백질은 곧 우리 몸에 의해 파괴된다. 면역체계는 단백질을 파괴하기 위해 만든 항체를 만드는 방법을 '기억'하고 미래의 질병으로부터 우리 몸을 보호한다.

백신 접종 vs. 접종 거부

제너가 첫 백신을 소개했을 때 사람의 팔다리가 소처럼 변하는 만화가 나오기도 하는 등 많은 사람이 백신과 그를 비웃었다. 그 이후로 백신 거부 운동이 일어났고, 때로는 다른 운동보다 더 강력한 힘을 발휘하기도 했다. 지난 2세기 동안 백신은 수백만 명의 생명을 구했다. 백신 제조와 사용에는 다른 제품과 마찬가지로 약간의 오류가 있었음은 분명하다. 하지만 백신 접종은 결함이 있거나 심지어 의도적으로 조작된 연구, 잘못된 정보와 기괴한 음모론으로 인해 비방을 받기도 했다. 코로나19 팬데믹 기간에 일부는 부작용을 염려해 백신 접종을 꺼렸다. 어떤 사람들은 백신이 자신들의 마음을 다른 누군가가 통제하게 하거나, 인구의 상당수를 죽이거나, 심지어 사람을 악어로 만들 것이라는 터무니없는 이야기를 믿었다.

39

생명의 화학 작용을 돕는 손길
효소

효소는 살아 있는 유기체의 화학 반응을 촉진하는 화학물질이며, 반응을 빠르게 하거나 반응을 촉진하는 모든 화학물질과 마찬가지로 촉매다. 촉매는 화학 반응에서 영구적으로 변하지 않으며, 반응이 끝났을 때 시작할 때와 동일한 양의 촉매가 남는다. 여타 촉매와는 달리 효소는 이들이 영향을 미치는 반응이 매우 구체적이다.

효소의 등장

최초로 발견된 효소는 1833년에 디아스타아제diastase로 발견되었지만, '효소'라는 용어는 1877년에야 사용되었다. 디아스타제는 녹말을 말토오스maltose로 분해하는 촉매 작용을 한다. 생명 과정의 일부로서 세포에서 일어나는 거의 모든 반응은 효소에 의존한다. 효소는 5000가지 이상의 다양한 반응의 촉매 작용을 하며, 우리가 알고 있는 생명은 효소 없이는 활동이 불가능하다.

효소의 작용

효소는 반응이 일어나는 데 필요한 에너지의 양을 줄이는 작용을 한다. 각 효소에는 효소가 작용하는 기질基質, substrate이라는 특정 분자만을 잡도록 형성된 '활성 부위active site'가 있다. 이 활성 부위는 반응하는 분자를 밀착시켜 반응이 빠르게 일어나게 한다. 효소가 없다면 기질 분자들이 무작위로 움직이다가 충돌할 때만 반응이 일어날 것이다. 활성 부위에는 두 부위가 있다. 반응이 일어나는 촉매 부위catalytic site가 있고, 그 옆에는 하나 이상의 결합 부위binding site가 있다. 결합 부위는 필요에 따라서 기질 분자를 회전시켜 반응에 적합한 방향을 향하게 한다.

효소가 있으면, 필요한 기질 분자가 훨씬 큰 효소 분자와 충돌해서 활성 부위로 빨려 들어갈 때 반응이 일어난다. 기질의 양 또는 효소의 양을 늘리면 충돌 빈도가 증가해서 반응 속도가 빨라지지만, 특정 지점까지만 빨라진다. 최적 농도를 지나면 효소의 양을 더 늘려도 효과가 없다.

빠르고 격렬한 반응

효소의 효과는 극적이다. 어떤 효소는 효소가 없을 때보다 반응 속도를 수백만 배 빠르게 한다. 가장 눈에 띄는 것 중 하나는 DNA의 구성 요소인 피라미딘pyramidine의 합성을 촉진하는 OMP 탈탄소효소decarboxylase다. 효소가 없으면 이 반응의 반감기는 7800만 년이다. 효소가 있으면 반감기는 18ms로, 반응 속도가 약 10^{17}배 증가한다.

'자물쇠와 열쇠' 또는 구부러져 일그러진 모양?

효소의 작용 방식에는 두 가지 모델이 있다. 하나는 '자물쇠와 열쇠' 모델로 효소의 활성 부위가 기질 분자에 정확히 맞는 모양을 하고 있다. 올바른 열쇠만이 자물쇠를 열 수 있는 것처럼 한 가지 유형의 분

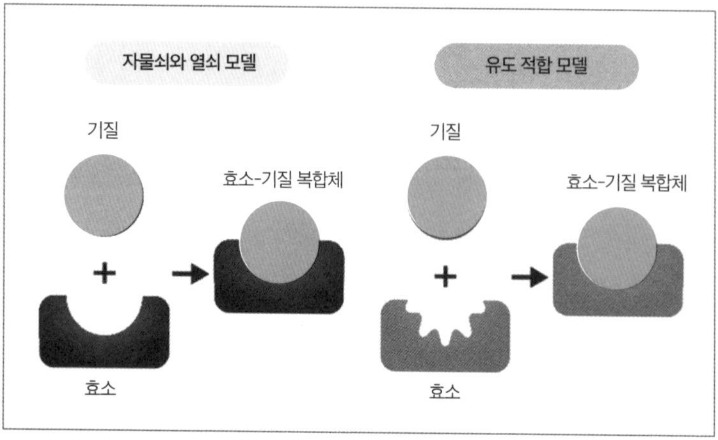

효소 작용의 '자물쇠와 열쇠' 및 '유도 적합' 모델.

자만 맞는다. 다른 하나는 '유도 적합 가설induced fit hypothesis'로 효소와 기질 사이의 적합성이 덜 완벽하지만, 기질이 효소의 활성 부위에 결합할 때 효소가 정확하게 기질에 맞도록 모양을 바꾼다.

쉽게 영향을 받는다

효소는 환경 조건에 매우 민감하며 좁은 온도와 pH 범위 밖에서는 작동하지 않는다. 효소는 단백질로서 고온이나 높은 산성 또는 알칼리성인 조건에서는 변성되어 영구적으로 모양이 구부러질 수 있다.

효소 작용은 또한 '효소 억제제'에 의해 중단될 수 있다. 효소 억제제는 효소의 활성 부위가 기질과 결합하는 능력을 차단해서 효소가 제 역할을 할 수 없도록 하는 화학물질이다. 효소 억제제는 두 가지 방법 중 하나로 작동할 수 있다. '경쟁적 억제제competitive inhibitor'는 기질을 모방하고 기질이 활성 부위에 도달할 수 없도록 활성 부위를 차단한다. 경쟁적 억제제의 분자들은 반응에 참여할 수 없으므로 그냥 제자리에서 효소를 비활성화시킨다. '비경쟁적 억제제non-competitive inhibitor'는 활성 부위가 아닌 효소의 다른 부분에 결합한다. 이렇게 함으로써 효소를 구부려 일그러지게 만든다. 그러면 활성 부위가 왜곡되어 기질의 모양에 맞지 않게 된다. 일부 효소 억제제는 독으로 작용하며 어떤 식으로든 신체 기능을 방해한다. 그 외 다른 효소 억제제는 효소가 촉매 작용하는 파괴적인 과정을 차단하여 약으로 쓰이기도 한다.

살아 있는가 아닌가?

처음에는 효소와 발효 사이에 혼동이 있었다. 루이 파스퇴르는 당을 발효해서 알코올을 만드는 과정에서 효모의 역할을 발견했을 때 효모 세포의 '생명력'을 언급함으로써 이를 설명했다. 1897년 에두아르트 부흐너Eduard Buchner는 발효가 일어나기 위해 효모 세포가 살아 있을 필요가 없다는 것을 발견했다. 그는 효모에 있는 효소가 발효를 담당한다는 결론을 내리고, 이 효소를 치마아제zymase라고 명명했다. '효소'라는 단어는 이제 무생물 화학 촉매에 사용되고, '발효'는 살아 있는 유기체가 일으키는 화학 활동을 말한다.

40

암석이 층층이 쌓여
층서누중

해저의 암석들은 비교적 새로운 암석으로 약 2억 5000만 년이 넘지 않지만, 육지의 암석들은 수십억 년이 될 수 있다. 땅을 이루는 암석층을 보면 땅이 어떻게 만들어졌는지 그 이야기를 읽을 수 있다.

암석의 형성

지구의 암석은 화성암, 퇴적암, 변성암 세 종류로 나뉜다. '화성암'은 지구 내부의 마그마에서 비롯한다. 마그마는 화산이나 지구대地溝帶, rift zone를 통해 분출되어 표면에서 굳어지거나 지각 내에서 굳어진다. 대표적인 화성암으로는 화강암과 현무암이 있다. '퇴적암'은 퇴적물이 굳어서 만들어진다. 퇴적물은 작은 모래 조각과 살아있는 유기체의 유기물로 구성되어 있다. 더 많은 퇴적물이 그 위에 쌓이면 열과 압력이 하부 퇴적물을 암석으로 융화시킨다. 셰일shale과 슬레이트slate는 퇴적암의 예다. '변성암'은 화성암이나 퇴적암이 열을 받아 완전히 녹지는 않지만 화학적으로 변해서 형성된다. 가장 잘 알려진 변성암의 예로 대리석이 있다.

층층이 쌓이다

암석은 지구의 긴 역사를 통해 층층이 쌓였다. 화성암은 퇴적암으로 변한 퇴적물로 덮여 있다. 해저의 대부분은 화성암이다. 해저는 섭입대subduction zone로 천천히 이동해서 맨틀로 다시 끌려내려 가기 때문에 해저의 암석은 계속해서 재순환하므로 그리 오래되지 않았다. 육지에서는 이야기가 좀 다르다. 화산 폭발로 퇴적암 위에 화성암 층과 화산재 층이 추가되었다. 그 위에 더 많은 퇴적물이 쌓였다. 만약 지표면에 지각 운동이 일어나지 않고 평화로웠다면 수 억 년 동안 방해받지 않고 쌓인 순서대로 놓인 암석층에서 역사를 쉽게 읽을 수 있을 것이다.

덴마크의 과학자 니콜라스 스테노Nicolaus Steno(1638~1686)는 오래된 암석이 맨 아래에 있고 가장 최근에 만들어진 암석이 맨 위에 층층이 쌓이는 층서누중層序累重, Superposition 현상을 최초로 설명한

방해받지 않은 암석층.

사람이다. 그는 방해받지 않은 지층을 보면 암석의 상대적 연대를 측정할 수 있다는 사실을 알아냈다. 스테노는 바위가 수평으로 층을 이루며, 어떤 층을 가로지르는 것이 있다면 그것은 바위가 퇴적된 뒤에 왔을 것이라고 했다.

지각판의 움직임(178쪽 참조)과 거기서 나오는 열과 압력이 암석 일부를 변성암 형태로 변화시키고 지층을 파괴했다. 그 결과, 어떤 곳에서는 지층이 융기하거나 함몰되고, 뒤틀리거나 부분적으로 녹아내리는 등 뒤죽박죽이 되고, 주름이 생기거나 심지어 수직으로 놓이게 된다.

바위 속의 삶과 죽음

어떤 퇴적암에는 화석이 들어 있다. 때때로 죽은 유기체가 해체되거

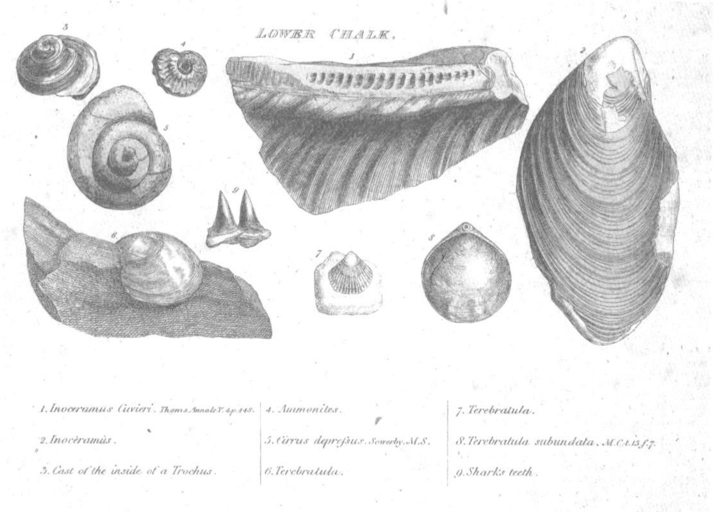

윌리엄 스미스의 화석 가이드.

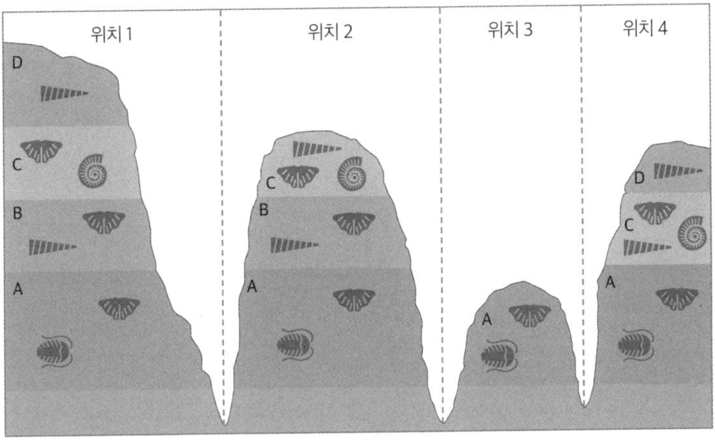

지층의 표준 화석.

나 먹히기 전에 퇴적물이 그 위를 빠르게 덮는다. 그런 다음 열과 압력으로 인해 퇴적암이 형성되면서 이 유기체는 화학적 변화를 겪게 되고, 그 잔해는 퇴적암 내부에 갇히게 된다. 스테노의 층서누중 법칙에 따르면 아래 암석층에 있는 화석이 위 암석층에 있는 화석보다 더 오래되었다는 것이 분명하다. 이는 퇴적층의 연대 측정 문제를 푸는 열쇠가 되었다.

영국의 운하 엔지니어 윌리엄 스미스William Smith는 자신이 일하면서 발견한 암석층의 지도를 만들고 유사한 지층 순서가 다른 장소에서 발생한다는 사실을 알아챘다. 또한 유사한 지층이 유사한 화석을 포함하고 있으며, 지층 사이에 화석이 변화한다는 사실도 발견했다. 그는 화석을 비교해서 한곳에 있는 암석층이 다른 곳에서 발견한 암석층과 같은지 판정할 수 있다는 것을 깨닫고 표준 화석index fossil을 참조해서 암석의 상대 연대를 측정하는 방법을 소개했다. 그는 화석의 변화하는 성질을 '동물군 천이faunal succession'라고 명명했다. 동물들이 시간이 지남에 따라 변한다는 이 초기 단서는 나중에 진화론자들에게 증거가 되었다.

오늘날 암석층의 연대는 여전히 표준 화석의 존재로 추정하지만, 이것만으로는 한 지층이 다른 지층보다 오래되었거나 젊다는 상대적인 연대만을 알 수 있다. 이제 암석층의 절대 연대(구체적인 연도)를 알아내기 위해 '방사성 연대 측정법radiometric dating'을 사용한다. 화성암이 형성될 때 일부 방사성 원소를 포함한다. 이 방사성 원소는 계속해서 붕괴한다(72쪽 하단~73쪽 상단 참조). 원래 방사성 원소의 양과 그것이 붕괴하면서 생성된 '딸' 원소의 양을 측정함으로써 그 암석의 연대를 알아낼 수 있다. 하지만 화석은 대부분 퇴적암에서 발견된다. 지질학자들은 퇴적층의 연대 범위를 알아내기 위해 퇴적암 층을 '싸고 있는' 화성암 층을 찾는다. 방사성 연대 측정법은 일부 매우 젊은 화석(최대 5만 년)의 연대 측정에 직접 사용할 수 있지만, 화석에서 측정되는 원소는 탄소이고 탄소의 반감기는 방사성 탄소 연대 측정법carbon-dating을 사용하기에는 너무 짧다.

41

에너지는 절대 고갈되지 않는다
에너지 보존

하루 일을 마치거나 운동한 후에 피곤함을 느낄 때 에너지가 보존된다고 생각하지 않을 것이다. 에너지가 보존된다면 왜 기운이 없을까? 몸에서 에너지가 빠져나간다고 해도 그냥 사라지는 것은 아니다. 에너지의 총량은 여전히 존재한다. 단지 다른 장소에 있거나 다른 형태로 존재할 뿐이다. 에너지 개념은 1740년대 프랑스의 물리학자 에밀리 뒤 샤틀레Émilie Du Châtelet(1706~1749)가 도입했으며, 그녀는 에너지 보존의 원리도 제시했다.

에너지 전달

에너지는 물리학자들이 '폐쇄계closed system'라고 부르는 시스템에서 순환한다. 예를 들어 운동 에너지에서 열에너지로 그 형태가 바뀔 수는 있지만, 시스템의 총에너지는 변하지 않는다. 당신이 눈 덮인 비탈의 꼭대기에서 썰매에 앉아 있다면 위치 에너지를 가진 상태에서 중력에 대항해 질량(당신과 썰매)을 위로 이동시킴으로써 그 위치 에너지를 얻었다. 당신이 가진 중력 위치 에너지의 양은 질량(당신과 썰매)에 당신이 들어 올린 높이(m 단위)와 중력($9.8m/s^2$)을 곱한 것과 같다. 따라서 질량이 100kg이고 해발 40m에서 50m까지 올라갔다면 중력 위치 에너지는 $100kg \times 10m \times 9.8m/s^2 = 9800kgm^2/s^2$가 된다. 에너지는 줄(J) 단위로 측정된다. 따라서 9800줄 혹은 9.8kJ이 된다.

만약 당신이 썰매를 타고 비탈길을 미끄러져 내려가면 위치 에너지가 당신을 움직이는 운동 에너지로 변환된다. 마찰로 인해 운동 에너지 일부가 열에너지로 바뀌어 눈이 약간 녹고 썰매가 따뜻해진다. 당신과 썰매가 당신이 출발한 비탈길의 바닥에 다다르면 당신에게는 아무 위치 에너지도 남지 않는다. 하지만 그 에너지는 당신을 움직이고, 마찰을 통해 썰매와 눈, 심지어 따뜻하게 하는 데 사용된다.

영구 운동?

이론적으로 에너지를 없애는 마찰이나 힘이 없는 완벽한 시스템에서 움직이기 시작한 물체는 영원히 움직여야 한다. 만약 물체가 움직이기 위해 어떤 힘도 이겨낼 필요가 없다면 계속 움직이는 데 추가 에너지를 사용하지 않는다. 그래서 사람들은 영구 운동 기계를 찾게 되었다. 물론 시스템 내에는 항상 마찰이 있다. 아마도 영구 운동에 가장 가까운 것은 마찰을 일으킬 대기가 없는 우

에밀리 뒤 샤틀레.

주로 발사되는 우주선일 것이다. 하지만 그조차도 태양과 행성들의 중력 영향을 받는다.

우주의 열역학적 죽음?

에너지 일부가 항상 열로 손실된다면 결국 모든 에너지가 열로 변환되는 것처럼 보일 수 있다. 어떤 과학자들은 이런 일이 실제로 일어날 것이며, 에너지가 퍼져 모든 곳이 똑같이 따뜻하거나 추우면 에너지가 유용한 일을 할 수 없을 것이라고 믿는다. 이것을 우주의 열역학적 죽음heat death of universe이라고 한다. 이는 앞으로 적어도 수천억 년이 지난 뒤에 발생할 가능성이 크므로 지금 당장은 걱정할 필요가 없다.

42

무질서하지 않은 혼돈
카오스 이론

카오스 이론은 놀라움과 예측 불가능성을 다룬다. 하지만 실제로 혼란스럽지는 않다. 일어나는 일 뒤에는 논리적인 패턴과 인과관계가 있기 때문이다. 문제는 패턴이 너무 복잡하고 변수가 너무 많아서 결과를 확실하게 예측할 수 없다는 것이다. 특히 한 변수의 아주 작은 변화가 최종 결과에서 매우 큰 변화로 이어질 수 있다.

카오스 시스템의 전형적인 예는 날씨다. 매우 많은 요인이 날씨에 영향을 미치며 일기 예보는 가능한 모든 변화와 그 연쇄 효과를 고려할 수 없기 때문에 100% 정확할 수 없다. 만약 우리의 지식이 완벽하다면 날씨에 대해 정말 무작위적이거나 '혼란스러운' 것이 없으므로 날씨를 정확하게 예측할 수 있을 것이다.

나비와 갈매기, 허리케인

카오스 이론은 종종 한 곳에서 퍼덕이는 나비의 날갯짓이 몇 주 후에 지구 반대편에 허리케인을 일으키는 이미지로 표현된다. 앙리 푸앵카레Henri Poincaré가 1890년에 초기 조건의 작은 변화에 대한 시스템의 민감한 의존성을 처음으로 설명했고, 곧이어 이를 기상 시스템과 기

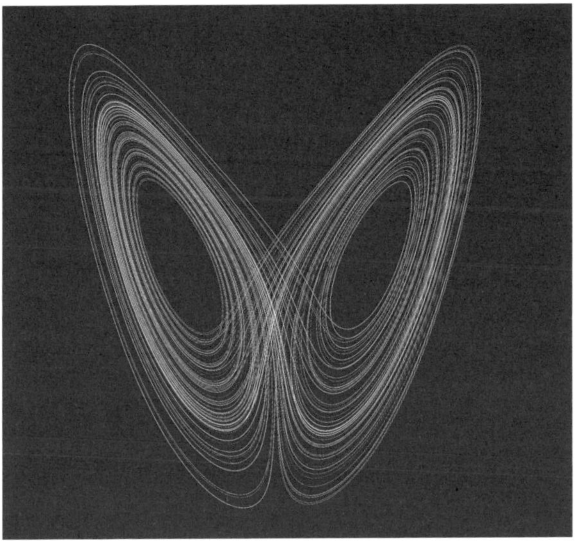

유체 역학에서 카오스 시스템에 대한 로렌츠의 구상은 독특한 나비 모양을 보여준다.

상학과 연관 지었다. 이것은 1960년대 에드워드 로렌츠Edward Lorenz가 완전히 탐구했다. 그는 좀 더 평범한 갈매기를 예로 들었지만, 메시지는 같았다. 갈매기가 특정 순간에 날개를 퍼덕이면 날씨를 영원히 바꿀 수 있다는 것이다. 우리는 흔히 초기 조건의 작은 변화가 큰 영향을 미치는 것을 '나비 효과butterfly effect'로 부르기도 한다(하지만 절대 '갈매기 효과'로 부르지는 않는다).

카오스 시스템에 대한 로렌츠의 관심은 기상학에 관한 그의 연구에서 비롯되었다. 그는 몇 가지 계산을 한 다음 결과를 확인하기 위해 다시 계산했다. 두 번째 계산에서 비록 크지는 않지만, 초기 계산에서 사용한 0.506127의 수치를 0.506으로 반올림했다. 그 결과는 완전히 다른 날씨 시나리오였다. 그는 비선형적인 행동을 설명하는 방정식을 찾기 위해 계속 노력하다가, 2주가 넘는 기간의 날씨는 정확하게 예측할 수 없다는 것을 확인했다. 이는 초기 조건에서 감지할 수 없는 차이가 매우 다른 결과를 낳는 데 걸리는 시간이다.

혼란스러운 삶

우리가 흔히 마주치는 다른 카오스 시스템에는 교통과 주식 시장이 있다. 중요한 것은 최근 팬데믹의 확산이 카오스 시스템이라는 점이다. 지식이 완벽한 상태에서는 이런 모든 것을 예측할 수 있어야 한다. 하지만 우리의 지식은 충분하지도 완벽하지도 않다. 카오스 시스템의 수학적 모델링은 피할 수 없는 불확실성과 오류를 무시하기보다는 수용함으로써 가장 가능성이 큰 시나리오를 생성하려고 한다.

카오스는 무작위가 아니다

카오스 시스템은 종종 무작위로 보이지만, 무작위 사건을 포함하지 않는다. 혼잡한 도로의 교통 패턴은 날씨처럼 명백한 요인들에 의해 영향을 받을 뿐만 아니라, 한 사람이 늦게 일어나서 자전거 대신 자동차를 운전하기로 하거나 유가 상승으로 인해 몇몇 사람이 운전을 하지 않는 것과 같은 사소한 요인들에도 영향을 받을 것이다. 또한 사고로 도로가 막히거나 도로 공사로 교통이 느려질 수 있고, 아마도 대기오염에 관한 뉴스 기사를 본 일부 운전자가 운전을 단념할 수도 있다. 이러한 개별 사건을 모델에 입력할 수는 없지만, 카오스 모델은 불확실성을 수용한다.

43

유전자 적자생존
진화

자연 선택을 통한 진화론은 1859년 찰스 다윈이 처음 제기했다. 그는 그 과정이 생화학적 수준에서 어떻게 작용하는지는 몰랐지만, 유기체가 시간이 지남에 따라 변하고, 세계에서 발견되는 매우 다양한 식물과 동물을 설명한다는 것은 분명하게 알았다.

사슬을 끊다

18세기와 19세기에 진화론이 시작되기 전에 자연계의 주요 모델은 모든 유기체를 완전하다고 여겨지는 순서대로 계층 구조로 배치하는 '존재의 사슬chain of being'이었다. 계층 구조의 맨 아래에는 바위와 같은 무생물이 있었고, 맨 위에는 천사와 같은 신화적인 존재가 있었다. 이것은 하나님이 모든 생명을 창조하셨고 인류는 특별하고 분리되어 있다는 아브라함 종교의 개념을 반영하는 구조였다. 인간은 자연계를 관리할 의무와 더불어 자연계를 이용할 권리도 부여받았다. 이 사슬에서 인류는 천사 바로 아래, 그리고 자연 질서의 정점에 있었다. 맨 아래에는 움직일 수 없거나 많은 일을 할 수 없는 식물들이 있었고, 그 다음은 해면동물과 벌레와 같은 '단순한' 생물이었다. 이 사슬은 그들

찰스 다윈.

이 인식한 대로 위로 갈수록 점점 더 강력한 힘을 가진 존재들을 배치했다. 따라서 육지 동물들은 물고기 위에, 포유류들은 파충류 위에 있었다. 이런 유형의 구조는 시간이 지남에 따라 발전한다는 생각에 기반을 두지 않았다. 추측건대 이는 신이 모든 자연계를 한번에 창조했기 때문이다. 그런데도 계층 구조의 개념은 떨쳐버리기 어려웠고, 이 개념은 진화를 통한 꾸준한 '개선'이라는 생각으로 보강되기까지 했다.

다윈의 위대한 생각

1831년 다윈은 비글호HMS Beagle를 타고 지질학자이자 생물학자로서 세계 일주를 떠났다. 항해하는 동안 그는 영국으로 가지고 돌아온 동식물과 암석 표본을 수집하고 기록했다. 여행을 마친 후 그는 천천히 자기 생각을 정리하고 기록하기 시작했다. 그는 1859년까지 이를 출판하지 않았는데, 그때 앨프리드 러셀 월리스Alfred Russel Wallace가 거의 같은 생각을 출판할 것이 분명해졌다. 결국 두 사람이 동시에 출간했지만, 우리가 먼저라고 생각하는 것은 다윈이다. 다윈은 서로 다른 장소에서 비슷하지만 같지는 않은 유기체를 관찰한 경험에서 동식물이 환경의 변화에 적응해서 조건에 가장 적합한 것은 생존하고 번식하지만, 적합하지 않은 것은 생존하지 못하고 결국 소멸한다는 이론을 공식화했다. 그는 진화를 느리고 꾸준한 적응 과정으로 보았다.

다윈은 에콰도르 연안의 갈라파고스 제도를 방문해 다른 곳에서는 볼 수 없지만, 어느 정도 유사한 동물을 볼 기회를 얻었다. 그의 표본 중 가장 유명한 것은 갈라파고스핀치Galapagos finch라는 새다. 다윈은 갈라파고스핀치가 모두 먼 옛날 어느 시점에 본토를 떠나 갈라파고스 제도에 서식했던 한 종류의 새에서 진화했다고 추론했다. 갈라파고스 제도에는 갖가지 종류의 먹이가 풍부했으므로 갈라파고스핀치는 다양한 목적에 적합한 부리를 가지고 이런 먹이를 먹도록 진화했다. 예컨대 어떤 새는 씨앗을 먹었고 또 어떤 새는 곤충을 먹었다. 씨앗을 먹는 새는 짧고 튼튼한 부리를 갖도록 진화했고, 어떤 새는 좁은 공간에서 곤충을 잡아먹기 위해 더 긴 부리를 갖도록 진화했다. 부리가 약간 더 긴 새는 숨어 있는 곤충을 더 잘 찾아낼 수 있을 것이다. 따라서 이들은 더 많은 먹이를 얻고 생존해서 번식할 가능성이 더 커지기에 더 긴 부리를 다음 세대에 물려줄 것이다. 이런 식으로 이들의 부리는 서서히 길어졌고 씨앗을 먹는 새들의 부리는 점점 짧아지고 튼튼해졌다.

다윈은 이 과정을 '자연 선택을 통한 진화'라고 불렀다. 환경에 얼마나 성공적으로 적응했는지에 따라 자연이 어떤 유기체가 살아남을지를 선택했기 때문이다. '적자생존'은 가장 강건한 유기체보다는 지배적인 조건에 가장 잘 맞는 유기체가 살아남는다는 의미다.

오래된 것에서 새롭게

다윈의 이론은 지구상 생명의 역사를 살펴볼 수 있게 한다. 유기체들은 새로운 조건이나 변화하는 조건에 적응하거나, 새로운 능력을 개발하거나, 자신들이 처한 환경을 최대한 활용하기 위해 몸을 바꾼다. 이 과정에서 점점 더 복잡한 유기체가 점진적으로 출현했지만, 다양성 또한 증가했다. 유기체는 생활권이나 식량과 같은 자원에 대한 경쟁이 있는 곳에서 경쟁이 적은 틈새를 차지하기 위해 점점 더 분화한다. 이런 이유로 열대 우림과 같은 서식지에는 매우 특정한 조건에 맞춰진 수많은 종이 있는데 자원이 부족한 사막은 더 적은 수의 종의 서식지이며 그중 다수는 잡식성 동물이다. 이들은 더 다양한 먹이를 먹고 더 넓은 범위의 조건에서 생존할 수 있다.

인류의 진화

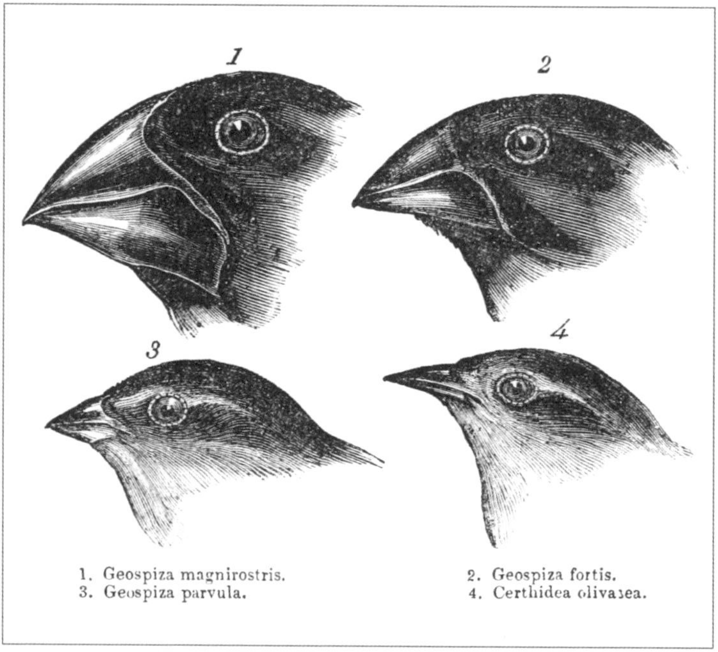

각자 먹이를 먹는 습관에 적응한 부리를 가진 다윈의 핀치Darwin's finches.

다윈은 자신의 이론이 교회로부터 비판받을 것을 예상했다. 아마도 이것이 그가 이론 발표를 늦춘 원인이 되었을 것이다. 너무 많은 논쟁을 피하기 위해 진화에 관한 그의 첫 번째 책에서 인류에 대한 의미를 탐구하지 않았지만, 나중에 《인간의 유래와 성 선택The Descent of Man, and Selection in Relation to Sex》(1871)에서 다루었다. 19세기에 대다수는 인간이 다른 동물과 다르지 않으며 다른 모든 동물과 마찬가지로 일

다윈주의를 조롱하는 만화.

련의 적응을 통해 진화했다는 개념을 받아들일 수 없었다. 다윈의 이론은 인간을 신이 총애하는 존재라고 느꼈던 특별한 지위에서 몰아내고 초진화한 유인원으로 보는 관점으로 대체했다. 이것은 또한 인류를 매우 긴 존재의 사슬 맨 끝에 놓았다. 여기에는 우리가 초기 유인원에서 진화했다면 그들은 훨씬 덜 인간적인 것에서 진화했다는 명백한 의미가 담겨 있다. 진화는 생명이 아마도 단세포 유기체에서 시작되었을 것이라고 다윈이 추정했던 원시 지구의 '따뜻한 작은 웅덩이'로 곧바로 이어졌다. 이로 인해 인간은 다른 모든 동물을 지배하는 창조의 정점에서 크게 한 단계 내려간 것이다. 이것은 인간이 자신을 바라보는 시각에 있어서 역사상 가장 중요한 순간 중 하나였으며 널리 받아들여지는 데 오랜 시간이 걸렸다.

땅속에서 나온 증거

다윈이 비글호를 타고 출발했을 때 그는 이미 지질학에 대한 찰스 라이엘의 생각에 관심이 있었다(77쪽 참조). 그는 지질학적 형성을 관찰하고, 이것이 19세기의 또 다른 뜨거운 논제인 지구의 매우 오래된 나이를 어떻게 밝혀내는지에 관해 생각하는 데 많은 시간을 보냈다. 점점 더 많은 화석이 발견됨에 따라 유기체가 시간이 지남에 따라 변했다는 생각을 분명하게 뒷받침했다. 그중에는 거의 확실한 조상으로 확인할 수 있을 정도로 아직 살아 있는 일부 동식물과 매우 흡사한 화석이 있었다. 그리고 그 당시 유럽과 북아메리카에서 출현하던 공룡 화석들은 완전히 다른 종류의 동물들의 증거였다. 아마도 이들은 환경 변화에서 살아남지 못한 동물 유형들인 것으로 보였다.

옅고 어두운 형태의 회색 가지 나방peppered moth.

천천히 꾸준하게, 혹은 급속하게?

다윈은 진화를 라이엘의 느린 지질학적 변화 개념처럼 꾸준하고 매우 느린 과정으로 보았다. 따라서 지구가 지금 우리가 보는 다양성을 이루는 데는 분명히 오랜 시간이 필요했다. 20세기에 스티븐 제이 굴드Stephen Jay Gould는 새로운 진화 이론 '단속 평형punctuated equilibrium'을 발표했다. 단속 평형 이론은 유성 생식 생물종의 진화 양상은 대부분 기간 동안 큰 변화가 없는 안정기와 비교적 짧은 시간에 급속한 종 분화가 일어나는 분화기로 나뉜다는 진화 이론이다. 유기체는 생존 조건에 잘 적응한다면 매우 오랜 시간 동안, 심지어 수백만 년 동안 거의 똑같이 유지될 수 있다. 3억 년 동안 거의 변하지 않은 상어가 그 예다. 환경에 변화가 생기면 유기체는 적응하거나 이동하거나 죽어야 한다. 변화는 수백만 년에 걸쳐 산을 만드는 융기uplift와 같이 느리거나, 새로운 포식자나 경쟁자가 해당 지역에 등장하는 것처럼 매우 빠를 수 있다. 현재 증가하는 대기 중 이산화탄소 농도와 온도, 오염, 삼림 벌채는 모두 유기체에 진화 압력을 가한다. 이는 빠른 적응이 필요한 도전이다. 이는 어떤 유기체에는 폭발적인 진화를 일으키고 다른 많은 유기체에는 멸종을 가져올 것이다.

빠른 변화

어떤 유기체들은 변화에 매우 빨리 적응한다. 번식 주기가 짧은 유기체에서 적응이 빠르게 일어나기 가장 쉽다. 짧은 기간 내에 더 많은 세대를 채워 넣을 수 있기 때문이다. 회색 가지 나방은 숨어 있던 나무가 그을음으로 인해 검게 변한 산업혁명 기간에 주로 흰색 날개 패턴에서 주로 검은색 날개 패턴으로 바뀌었다. 흰색 나방은 검은 나무껍질을 배경으로 포식자에게 쉽게 발견되어 잡아먹혔다. 어두운색 나방은 위장에 성공함으로써 살아남아 번식했다. 도시의 그을음이 줄어들면서 옅은 색 나방이 돌아왔다. 중국에서는 사사패모(학명 Fritillaria delavayi)라는 식물이 또 다른 최신 사례를 제공한다. 이 식물은 원래 노란색 꽃을 피웠지만, 약재로 사용되면서 생존을 위해 회색 꽃을 피우는 형태가 우성이 되었다. 사사패모는 주로 바위가 많은 지형에서 자라는데, 회색 꽃을 피우면 발견하기 어려워 눈에 띄는 노란색 꽃보다 생존 가능성이 더 크다.

44

진화, 이제 유전자와 함께
현대 진화론의 종합 이론

다윈이 자연 선택에 의한 진화론을 내세웠을 때, 그는 유전 특성이 어떻게 세대를 거쳐 전달되는지, 유기체에서 변화가 어떻게 나타나는지 몰랐다. 이후 20세기 유전과 유전학에 관한 연구로 설명되었다.

고생물학(화석 연구), 발생학, 수학 및 기타 분야의 정보도 진화론에 반영되었다. 그 결과 일반적으로 '현대 진화론의 종합 이론modern evolutionary synthesis'으로 불리는 유전학 측면에서의 진화를 재평가하고 고쳐 말하게 되었다.

자연 선택만이 유일한 방법은 아니다

다윈은 진화를 자연 선택의 관점에서 설명했다. 유기체들에 약간 변종들이 있을 때 자신들의 환경에서 생존하는 데 가장 적합한 것이 살아남아서 다음 세대에 그 특징을 물려준다. 이런 방식으로 유익한 특징들은 시간이 지남에 따라 강화된다. 현대 진화 이론은 진화가 일어날 수 있는 추가적인 방법을 인정한다. 그중 하나가 무작위로 일어나

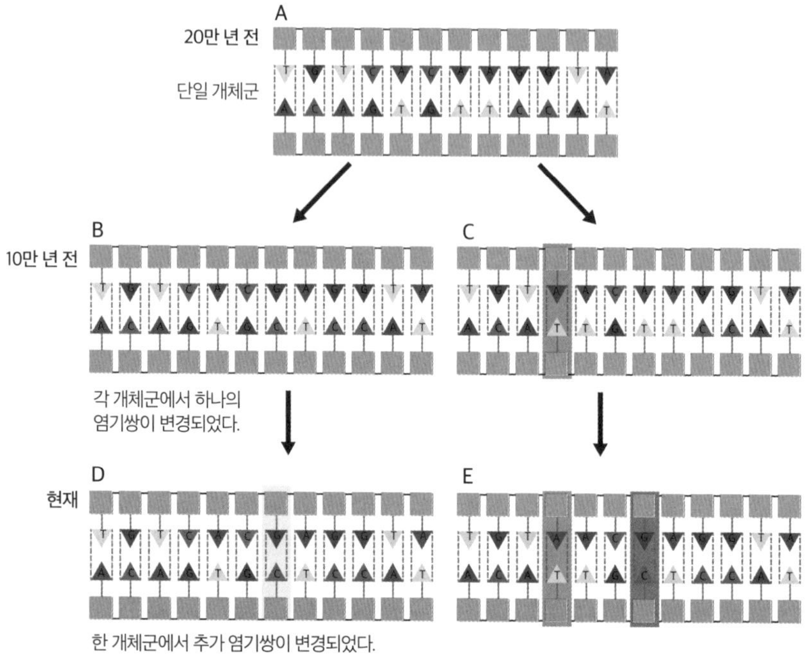

분자 시계는 종들이 분화했을 때 만들어 내는 돌연변이의 비율을 살펴봄으로써 현재로부터 시간을 거슬러 종분화를 계산한다.

는 '유전자 부동gene drift'이다. 유전자 부동은 우연한 사건으로 인해 개체군에서 한 대립 유전자(유전자 형태)가 다른 대립 유전자보다 더 널리 퍼지게 되거나, 한 특징이 그 대립 유전자가 드물어짐에 따라 사라지게 되는 현상을 말한다. 이는 대립 유전자의 출현율prevalence에 약간의 변화가 있어도 큰 영향을 미칠 수 있는 작은 개체군에서 가장 흔하게 발생한다(대립 유전자는 특정 특성을 생기게 하는 유전자 버전이다. 따라서 털 색깔에 대한 유전자는 갈색 털에 대한 대립 유전자와 검은색 털에 대한 대립 유전자가 있을 수 있다).

성 선택sexual selection은 자연 선택과 같은 원리로 작동하지만, 겉보기에 불편한 특성이 보편화될 수 있다. 그 예로 공작의 꼬리를 들 수 있다. 크고 무거운 꼬리가 수컷 공작에게는 부담스럽겠지만, 암컷 공작은 꼬리가 큰 수컷을 선호하고 이런 수컷과 번식하기 때문에 선택되는 것이다. 아마도 수컷의 큰 꼬리는 이런 불리한 조건에도 불구하고 충분한 먹이를 찾고 영역을 유지할 수 있음을 나타내므로 적합한 표본임이 틀림없다.

대립 유전자로서의 진화

러시아의 생물학자 테오도시우스 도브잔스키Theodosius Dobzhansky는 1937년에 최초로 진화와 유전학을 하나로 엮은 책을 썼다. 그는 '유전자 풀(유전자 다양성) 내의 대립 유전자 빈도의 변화'로 진화를 재정의했다. 특정 대립 유전자가 점점 더 흔해짐에 따라 그것이 만들어내는 특징이 개체군에서 널리 퍼진다. 도브잔스키는 유기체에서 동시에 많은 다른 진화적 변화가 일어날 수 있으며, 돌연변이가 진화를 주도한다고 지적했다. 돌연변이는 유전자를 복사하는 과정에서 실수로 발생하는 무작위적인 변화다. 이는 유해하거나 무해하거나 또는 유익한 변형을 일으킬 수 있다. 유익하거나 무해한 특성이 유전되면 가장 일반적인 특성이 되어 종을 변화시킬 수 있다.

급속한 변화

다윈은 진화를 느리고 꾸준한 과정으로 생각했지만, 이 가정은 20세기에 뒤집혔다. 도브잔스키는 진화가 빠르게 진행될 수 있음을 발견했다. '단속 평형punctuated equilibrium' 모델은 유기체의 변화가 거의 또는 전혀 없는 기간이 오래 지속되지 않고 환경 조건의 변화로 인해 짧은 기간에 급속한 변화가 일어날 수 있다고 제안했으며 이는 종분화speciation로 이어질 수 있다. 즉 한 생물 집단이 원래의 군집과 구별되는 새로운 종이 될 정도로 변화하는 것이다. 종분화는 고립된 개체군에서 쉽게 발생한다. 고립된 개체군은 원래 집단과는 번식할 수 없으며 소집단의 제한된 유전자 풀(유전자 다양성) 내에서 진화한다.

박물학에서 생화학까지

유전 메커니즘에 대한 새로운 강조는 진화를 유전자와 대립 유전자 면에서 설명하고 염색체에서 유전자의 위치를 고려했다. 감수분열로 염색체가 분리되어 난자와 정자 세포를 생성할 때 상응하는 염색

테오도시우스 도브잔스키.

체 사이에 유전자 교환이 일어나는 '재조합recombination' 과정을 겪는다. 이는 미래 세대의 다양성을 증가시킨다. 자손이 한 부모로부터 전체 염색체를 물려받는 대신, 각 부모로부터 동일한 염색체에 있는 다른 유전자를 물려받을 수 있다. 유전자가 교환될 때 염색체에서 서로 가까이 있는 유전자가 같이 이동해서 함께 유전될 가능성이 크다. 유전 과정에 대한 이런 분자 수준의 통찰력은 진화에 대한 새로운 시각을 제시한다. 오랜 기간에 걸쳐 염기쌍이 변했다는 면에서 유전자가 변하는 속도를 연구하면 종의 분화 시기를 대략 계산할 수 있다. 시간을 거슬러 종분화를 계산하는 이 방법을 '분자 시계molecular clock'라고 하는데, DNA 염기서열 분석이 수월해진 이후에야 가능해졌다.

45

죽어 사라져 버리다
멸종

오늘날 지구에 서식하는 생물들이 생성되는 진화 과정에서 일부 유기체(실제로 대부분의 유기체)가 멸종했다는 것은 아주 명백해 보인다. 이들의 화석은 우리 주변 곳곳에 있으며 때때로 살아 있는 다른 유기체와는 전혀 다른 신체 흔적을 보여준다. 하지만 불과 250년 전만 해도 과학자들은 여전히 멸종이 일어난 적이 있는지를 두고 논쟁을 벌였다.

퀴비에와 사라진 코끼리

프랑스의 생물학자 조르주 퀴비에Georges Cuvier는 더는 코끼리가 서식하지 않는 파리 근처에서 발견된 코끼리 화석 잔해를 연구했고, 당시 아프리카에 살았던 코끼리의 뼈와 상당히 다르다는 것을 발견했다. 또 우리가 매머드라고 부르는 시베리아에서 발견된 '코끼리'의 유해 사이에서 더 많은 차이점을 발견했다. 퀴비에는 이들이 더는 세상에 살지 않는 다른 유형의 코끼리라고 제안했다. 당시 사람들은 멸종이라는 개념이 기독교 교회의 교리에 맞지 않았기 때문에 받아들이기 힘들었다. 하나님이 완벽한 세상을 창조하셨다면 왜 어떤 동물은 멸종했을까? 그것은 신이 생존할 수 없는 불완전한 동물을 창조했다는 의미일까? 아니면 완벽하게 좋은 동물을 없앴을까? 도무지 말이

안 되는 것 같았다. 대신에 화석이 살아 있는 종들처럼 보이지 않을 때 사람들은 이 변종들이 먼 오지 어딘가에 아직 살고 있지만 발견되지 않았을 뿐이라고 둘러댔다. 하지만 코끼리처럼 큰 동물을 숨기기는 어려웠을 것이다.

조르주 퀴비에.

퀴비에는 일부 동물이 멸종하는 것을 넘어 매우 많은 종이 동시에 멸종 위기에 처하는 '대재앙'의 시기가 있었다고 주장했다. 그는 지구와 지구 생명체의 발달에 엄청난 변화의 시기가 있었고, 재난과 재해가 오랫동안 지속되었다고 생각했다. 1813년 퀴비에는 이런 재난이 종종 홍수였다고 생각했다.

대멸종은 재앙이다

다른 과학자들이 대멸종을 구약성서에 묘사된 노아의 홍수와 연결하려고 시도하면서 퀴비에의 격변론catastrophism은 빠르게 인기를 잃었다. 퀴비에는 대멸종을 노아의 홍수와 연결한 적이 없다. 지질학자 라이엘은 지구를 형성하는 지질학적 과정이 매우 느리게 진행 중이라는 견해를 널리 알렸다. 1859년에 진화론을 제안한 찰스 다윈은 파멸적인 사건 없이 살아 있는 유기체가 매우 느리고 꾸준히 변화하는 과정을 설명했다.

공룡 멸종의 원인이 된 칙술루브Chicxulub 충돌 사건.

오늘날 과학자들은 두 가지 멸종 패턴을 인식하고 있다. 하나는 유기체들이 변화에 적응하기 위해 애쓰다가 일부는 실패함에 따라 계속되는 소규모 절멸 현상인 '배경 절멸background extinction'이고, 다른 하나는 파국적이고 종종 갑작스러운 변화에 의해 촉발되는 '대멸종 사건'이다. '갑자기'라고 해도 지질학 용어로는 수십만 년을 의미할 수 있다. 복잡한 생명체의 진화 이후 다섯 번의 대멸종 사건이 있었고, 그 사이에 덜 심각한 멸종 사건이 몇 차례 있었다. 멸종 사건의 심각성은 몇 가지 방법으로 측정할 수 있다. 멸종된 유기체의 과科, 속屬, 종種의 수 또는 예상되는 개별 멸종 유기체의 수 등이다. 대멸종은 생물종의 75% 이상이 280만 년 미만의 상대적으로 짧은 기간에 죽는 사건이다.

멸종, 과거와 현재

대멸종 사건에는 몇 가지 원인이 있다. 가장 유명한 대멸종은 6550만 년 전 백악기 말에 발생했으며 육상 공룡과 익룡, 암모나이트 등이 모두 멸종했다. 이는 지금의 멕시코만에서 소행성이 지구와 충돌하는 단 하나의 갑작스러운 사건으로 인해 발생한 것으로 보인다는 점에서 이례적인 일이었다. 즉각적인 영향은 현지의 재앙적인 쓰나미와 전 세계적인 화재, 화산 및 지진 활동이었고, 뒤이어 대기가 먼지로 가득 차 햇빛을 차단하면서 기온과 광량 수준이 급격하게 떨어졌을 것이다.

새로운 생물을 받아들이다

멸종 사건은 한때 유기체가 살았던 많은 서식지와 틈새를 청소한다. 그런 다음 새로운 서식 동물이 이를 사용할 수 있다. 유기체들은 새로운 상황을 최대한 활용하기 위해 이동하고 적응해서 새로운 종을 이룬다. 이것이 대멸종 사건 이후 생물 다양성이 회복되는 방식이다.

기후 변화는 그 원인은 다양하지만 대멸종 사건의 치명적인 특징이다. 지구와 충돌한 소행성이 저온 현상을 일으켜 공룡을 멸종시켰지만, 모든 대멸종 사건 중 가장 치명적인 사건은 최대 100만 년에 걸친 파괴적인 화산 폭발로 인한 기후 혼란에서 비롯되었다. 2억 5200만 년 전 페름기 말 멸종을 '대멸종Great Dying'이라고 부른다. 이것은 지구상 모든 종의 약 95%가 죽고, 지구가 회복하는 데 수백만 년이 걸린 재앙이었다. 몇몇 다른 멸종 사건은 아마도 살아 있는 유기체로 인해 발생했을 것이다. 육지에서 자라는 이끼와 조류가 오르도비스기에 진화하고 확산하면서 대기 중에서 이산화탄소를 흡수했고, 이것이 지구의 기온을 떨어뜨려 3500만 년 전 파괴적인 빙하기가 일어났다. 마찬가지로 약 7억 2000만 년 전에 시작된 일련의 전 지구적 빙하 작용(눈덩이 지구 사건)의 원인이 유기체라는 주장이 제기되었다. 그리고 시아노박테리아cyanobacteria가 대기 중에서 이산화탄소를 제거함으로써 23억 년 전에 최초의 눈덩이 지구 사건을 촉발했을 가능성이 있다.

느리고 꾸준한

이따금 일어나는 멸종 사건과 함께 유기체는 세기마다 10만 종당 약 1종이라는 꾸준하고 느린 속도로 멸종한다. 환경 조건이 변함에 따라 유기체는 새로운 조건에 적응하거나 더 유리한 위치로 이동해야 한다. 그렇게 할 수 없다면 멸종할 것이다. 때때로 이들은 새로 진화했거나 자신들의 영역으로 들어오는 경쟁자나 포식자의 출현으로 멸종 위기에 처하기도 한다. 때로는 강이 경로를 바꾸는 것과 같은 환경 변화나 기후 변화가 유기체를 벼랑 끝으로 밀어낼 수 있다.

속도를 높이다

인간은 이미 많은 종의 멸종을 지켜봤다. 초기 사냥꾼으로서 아마도 세계 대부분 지역에서 거대 동물군을 파괴하는 데 한몫했을 것이다. 서식지 파괴, 사냥과 환경 변화를 통해 우리는 더 많은 종과 쉽게 눈에 띄지 않는 종을 멸종으로 몰아갔다. 많은 과학자는 여섯 번째 대멸종이 이미 진행 중이며 우리 인간이 그 원인이라고 믿고 있다.

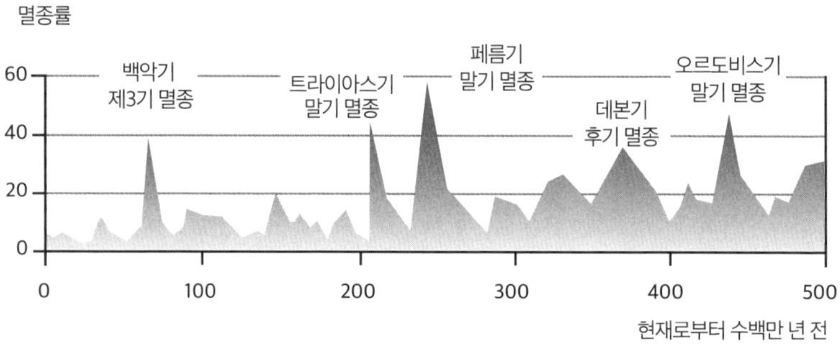

지난 5억 년 동안의 멸종 수준.

46

모두 상대적일 뿐
특수 및 일반 상대성 이론

알베르트 아인슈타인은 아마도 과학계에서 가장 친숙한 이름일 것이다. 그리고 대다수가 그의 유명한 방정식 $E=mc^2$이 정확히 무엇을 의미하는지는 모르더라도 외울 수는 있다. 이 방정식은 1905년에 발표된 아인슈타인의 특수 상대성 이론의 일부다. 그는 1915년에 더 완전한 이론인 일반 상대성 이론을 내놓았다. 아인슈타인의 연구는 원래 이론적인 것이었지만, 이후 관찰과 실험을 통해 증명되었다.

특수 상대성

특수 상대성 이론은 속도와 시간, 질량, 공간 간의 관계를 정의한다. 이 이론은 빛의 속도가 진공 상태에서 일정하며, 관찰자의 움직임과는 상관없이 모든 관찰자에게 동일하다는 주장에 의존한다. 속도는 시간과 질량, 공간에 영향을 미친다. 적어도 매우 빠른 속도는 그렇다. 빛의 속도에 근접한 속도에서는 질량이 증가하고 시간은 (움직이는 동안 경험하는 것처럼) 더 느리게 간다.

아인슈타인은 머릿속에서 생각으로 진행하는 사고 실험thought experiment으로 연구를 시작했다. 거의 빛의 속도로 움직이는 기차를 상상해 보라. 이 기차가 정확히 두 나무의 중간 지점에 있을 때 두 나무 모두 동시에 번개를 맞는다. 트랙 옆의 관찰자는 두 번개를 동시에 체험한다. 하지만 기차에 탄 사람에게는 번개가 앞에 있는 나무를 먼저 치고 난 다음 뒤에 있는 나무를 치는 것으로 보일 것이다. 그 이유는 기차가 앞에 있는 나무를 향해 움직이고 있으므로 빛이 관찰자에게 도달하는 거리는 더 짧다. 또한 기차가 뒤에 있는 나무에서 멀어지고 있으므로 빛이 관찰자에게 도달하는 거리는 더 길고 시간은 더 오래 걸린다. 여기서 우리는 시간이 상대적이며 관찰자의 '준거 틀frame of reference', 즉 관찰자가 사건을 바라보는 시공간에 따라 다르다는 것을 알 수 있다. 이 이론은 가속도가 없는 준거 틀에만 관련된다는 점에서 '특수'하다.

물체가 빛의 속도에 가깝게 이동할 때 시간은 더 느리게 간다. 따라서 거의 빛의 속도로 여행하는 우주선에 탄 사람은 같은 시간 동안 지구에 서 있는 사람보다 시간이 덜 흐르는 것을 경험한다. 만약 당신이 우주선을 타고 거의 빛의 속도로 5년 동안(당신이 경험한 대로)

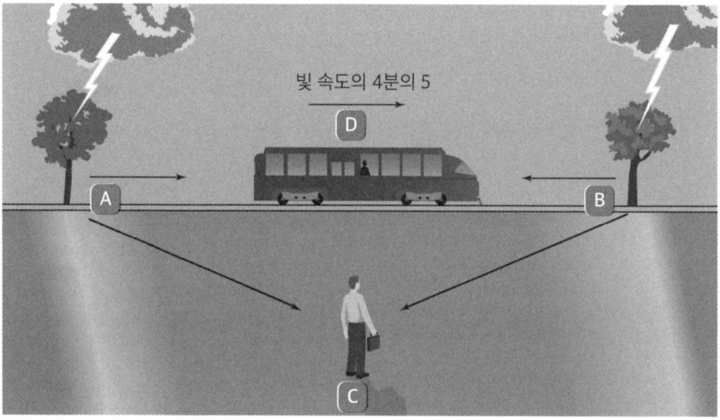

A와 B에서 오는 빛은 관찰자 C에게 동시에 도달하지만, 관찰자 D의 경우 B에서 낙뢰가 먼저 발생하는 것으로 보인다.

지구에 있는 사람은 당신이 돌아올 때까지 50년을 기다려야 할 것이다. 인공위성이 빛의 속도에 가깝게 이동하지는 않지만, 인공위성의 원자 시계는 지구의 원자 시계와 동기화하기 위해 하루에 7마이크로초microsecond, μs를 '늦춰야' 한다.

물체의 속도가 빨라짐에 따라 질량은 증가하며, 빛의 속도로 이동하는 물체의 질량은 무한대가 된다. 이 때문에 빛보다 빠른 여행은 불가능하다고 여겨진다.

$E=mc^2$

아인슈타인의 이 유명한 방정식은 물질과 에너지는 서로 교환할 수 있다는 것을 말해준다. 아주 적은 양의 물질이 엄청난 양의 에너지로 전환될 수 있다. 이 방정식에서 m은 질량, c는 빛의 속도, E는 에너지에 상당하는 것이다. 종이 클립을 에너지로 변환할 수 있다면 2차 세계대전에서 일본 나가사키를 파괴한 원자폭탄만큼의 에너지를 방출할 것이다. 이 방정식 또는 이 방정식이 설명하는 상황은 물질에서 에너지를 생성하는 핵분열을 이용해서 원자력과 핵무기를 만들 수 있다는 것이다.

일반 상대성

아인슈타인은 특수 상대성 이론에서 고려하지 않았던 중력을 설명하기 위해 자신의 이론을 발전시켜 나갔다. 그의 일반 상대성 이론은 시공간으로 구성된 우주 구조가 질량에 의해 왜곡된다는 것을 보여준다. 시공간은 질량을 가진 무거운 물체 주변에서 휘어지며 이 뒤틀림이 중력 효과를 만든다. 우리는 이를 2차원으로 비유할 때 담요를 팽팽하게 잡아당기고 그 위에 무거운 공을 떨어뜨린다. 무거운 공이 담요에 움푹한 곳을 만들고, 뒤이어 다른 물체를 떨어뜨리면 공을 향해 굴러가는 현상을 볼 수 있다. 이는 뉴턴이 설명한 것처럼 물체가 공

알베르트 아인슈타인.

의 질량에 끌려서가 아니라 표면의 곡률이 물체의 경로를 바꾸기 때문이다. 시공간의 4차원에서 시각화하기는 조금 어렵지만, 효과는 같다. 즉 시공 연속체spacetime continuum의 왜곡은 사물이 거대한 물체 쪽으로 떨어지는 것을 의미한다. 물체의 질량이 클수록 시공간이 더 많이 왜곡되어 물체의 인력이 더 강한 것으로 보인다. 이 이론에서 설명된 아인슈타인의 중력 모델은 빛조차도 중력에 의해 휘어지리라 예측한다. 이는 빛이 질량이 있기 때문이 아니라 빛의 경로가 휘어진 매질을 통과하기 때문이다. 당신이 집과 멀리 떨어진 건물 사이의 직선 경로를 따라간다고 해도 지구 표면이 구부러져 있으므로 실제로는 곡선으로 이동하게 된다. 마찬가지로 공간을 '직진'하는 빛은 시공간 자체가 휘어지기 때문에 휘어진 경로를 따르도록 제한될 수 있다.

47

작은 것보다 더 작은
양자 물리학

양자 물리학은 원자보다 크기가 작은 아주 미세한 것을 다루는 매우 불가사의하고 경이로운 물리학이다. 이것은 원자가 어떻게 작동하는지, 그래서 모든 화학과 생물학이 어떻게 가능한지 설명해 준다. MRI 스캐너에서 인터넷, 레이저에서 원자력 발전소에 이르기까지 현대 세계의 많은 부분이 양자 물리학에 의존하고 양자 현상을 이용한다.

입자를 버리다

우리가 일반적으로 학교에서 물리학을 배우고 일상생활에서 현실을 이야기하는 방식은 실제 물리적으로 존재하는 입자로 구성된 우주와 관련이 있다. 우리는 모든 물질이 작은 원형의 전자, 중성자, 양성자로 이루어져 있다고 말한다. 양자 물리학은 이 모든 실마리를 풀어준다. 이것이 양자 물리학의 놀라운 점이다. 양자 물리학은 입자를 공간에서 존재 범위가 정해진 별개의 덩어리로 생각하는 대신 이를 작은 파동, 양자quantum라고 하는 크기가 일정한 에너지의 분출로 본다.

물리학자들은 1920년대에 처음으로 파동인 동시에 입자인 빛의 이중성이 다른 입자에도 적용된다는 사실을 깨달았다. 토머스 영Thomas Young의 빛에 대한 두 실틈 실험(107쪽 참조) 재연에서 두 실틈을 통해 발사된 전자도 간섭 패턴을 만든다. 즉 전자도 파동처럼 작동한다. 양자 물리학에서는 전자를 다른 원(중성자와 양성자)으로 이루어진 핵 주위를 도는 원으로 그리는 대신 그림과 같은 파동 함수로 나타낸다.

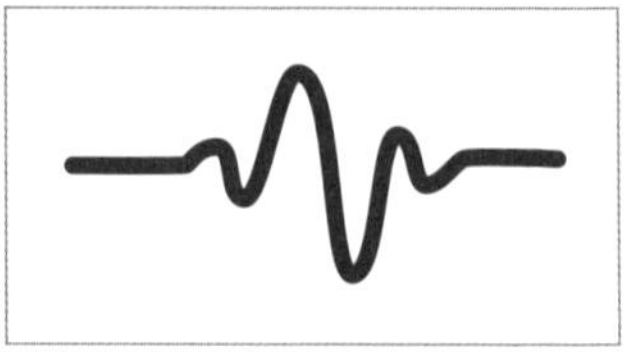

어디에 있을까?

작은 물질 덩어리와 달리 파동 함수는 공간에서 일정한 위치를 차지하지 않는다. 전자가 있는 위치 또는 전자가 존재할 가능성이 있는 위치를 말하기 위해 물리학자는 진폭(파동의 높이)을 제곱하여 '확률 분포probability distribution'라고 부른다. 이것은 전자가 언제든지 있을 가능성이 가장 큰 영역을 말해준다. 실제로는 전자가 어디에나 존재할 수 있지만, 아마도 이 영역 안에 있을 것이다.

우주의 특징으로서 이런 무작위성은 불안하게 만든다. 이는 모든 만물이 특정 규칙을 따르고 완전 예측 가능한 뉴턴 물리학과는 정반대다. 뉴턴 물리학은 규모가 큰 물체에 대해서는 작동하는 것처럼 보이지만, 아주 작은 (양자) 규모에서는 그렇지 않다.

우리는 파동 함수 모델이 올바른지 확신할 수 없다. 전자를 측정할 때마다, 그리고 그 위치가 발견될 때마다 입자로 나타나기 때문이다. 우리가 아원자(원자보다 작은 입자)를 볼 때는 이미 파동의 형태가 아니다. 양자 사건quantum event을 측정하는 행위 자체가 양자 사건을 변경해서 불확실한 상태가 확실한 상태로 바뀐다(286쪽 참조). 확률(파동 함수)에서 고정된 상태로 이동하는 것을 '파동 함수의 붕괴'라고 하는데 이것이 어떻게 일어나는지는 설명할 수 없다.

너무나도 기이한

양자 행동의 어떤 측면은 너무 이상하게 보여서 이해하기 어렵다. 양자 차원에서 입자는 동시에 두 위치에 있을 수 있고, 동시에 모든 방향으로 회전할 수 있으며, 순간 존재했다가 사라질 수 있고, 보기에 빛보다 빠르게 즉각 반응할 수 있다. 이런 이해하기 어렵고 이상한 양자 행동은, 우리가 사용하는 언어로는 설명이 제약된다는 사실에서 비롯된다. 예컨대 큰 물체는 동시에 두 방향으로 회전할 수 없다. 하지만 입자는 동시에 두 방향으로 회전할 수 있다고 한다면, 이는 실제로 '회전' 또는 '방향'이 약간 다른 의미를 가진다는 것을 뜻한다. 입자를 파동 함수로 본다면 입자는 '동시에 두 곳에' 존재할 수 있다. 이것은 다시 두 실틈 실험을 통해 되풀이해서 증명되었다. 광자(또는 전자, 원자 또는 심지어 분자)를 실틈을 통해 발사하면 파동임을 나타내는 간섭 패턴을 형성한다. 그리고 이들을 실틈을 향해 한 번에 하나씩 발사해도 결과는 마찬가지다. 간섭 패턴은 두 실틈을 통과하는 서로 간섭하는 파동에 의해 만들어지며, 어떤 곳에서는 강화되고 다른 곳에서는 상쇄된다. 하지만 광자가 한 번에 하나씩 발사되면 그들 자체 외에는 간섭할 대상이 없다. 따라서 이들은 동시에 두 실틈을 통과해야만 간섭 패턴을 만들 수 있다.

많은 양자의 기이한 행동에 대한 이른바 '코펜하겐 해석Copenhagen interpretation'은 우리가 관찰하거나 측정할 때까지 아무것도 고정되지 않는다. 아인슈타인은 이런 주장을 일축하고 '자신은 달을 관찰하든 안 하든 달이 거기에 있다고 생각하기를 좋아한다'고 말했다. 코펜하

양자 터널링이 우리에게 햇빛을 가져다준다

태양이나 다른 별들은 수소가 헬륨으로 융합하는 데서 동력을 얻는다. 이를 위해서는 양성자(수소 핵)가 서로 융합해야 한다. 하지만 양성자는 둘 다 양전하를 띠므로 서로 밀어내고 결합하지 않아야 한다. 태양 자체의 중력에 의해 생성된 태양 중심부의 엄청난 압력은 양성자들을 매우 근접하게 만들지만, 실제로 융합하는 이유는 '양자 터널링quantum tunnelling'이라는 현상이다. 일단 양성자를 파동 함수로 생각하면 한 양성자가 다른 양성자 내부에 존재할 작은 개연성이 있다. 즉 양성자들을 분리하는 장벽에 터널을 뚫고 결합할 개연성이 있다. 이 과정에서 에너지가 광자의 형태로 방출되고, 그런 다음 이 광자는 천천히, 무작위로 태양 바깥으로 빠져나간다.

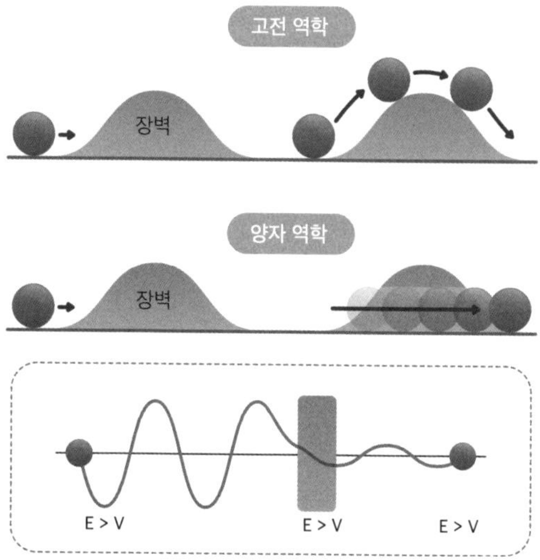

양자 터널링.

겐 해석에 대한 대안으로서 양자의 기이한 행동에 대한 '다세계many worlds' 설명은 더 기괴하다. 이 설명에서 모든 무수한 가능성은 항상 모두 사실이다. 따라서 모든 양자 입자는 존재할 수 있는 모든 상태에 있으며, 모두 우리가 접근할 수 없는 평행 우주에 있다. 이것은 실제 세계의 평행 우주로 확장된다. 이 설명에 따르면 당신은 한 우주에서는 이 책을 읽고 있지만, 아마도 다른 우주에서는 산을 오르고 있을 것이다.

입자와 힘

물리학자들은 우주에서 약한 핵력, 강한 핵력, 전자기력, 중력 이 네 가지 기본적인 힘이 작용하고 있음을 인식한다. 양자 물리학은 처음 세 가지를 충분히 다룰 수 있지만, 지금까지 중력은 양자 물리학을 벗어났다.

글루온gluon이 매개하는 '강한 핵력'은 핵 안에서 작용하여 양성자와 중성자의 결합을 유지한다. 양전하를 띤 양성자는 자연스럽게 서로 반발한다. 강한 핵력이 이를 극복하고 원자핵을 함께 묶어 원자가 존재할 수 있게 한다. '약한 핵력'은 방사성 베타 붕괴가 일어날 수 있게 한다(73쪽 참조). '전자기력'은 음전하를 띤 전자가 양전하를 띤 양성자에 끌리면서 원자와 분자를 결합시키는 역할을 한다. '중력'은 훨씬 더 큰 규모로 작용해서 별들과 태양계, 은하계를 하나로 묶는다. 중력은 질량을 가진 물체 사이에서 작용한다.

기이함 외에도 양자 물리학의 가장 큰 문제는 중력을 수용할 수 없다는 것이다. 일부 물리학자들은 이것이 우리의 중력 이론이 재고되어야 하고 불완전하다는 것을 의미한다고 생각한다. 양자 물리학자들은 오랫동안 양자 입자의 질량이 너무 작고, 중력이 이들에게 미치는 영향이 너무 미약해 무시할 수 있다고 생각해 왔다. 수학자 로저 펜

로즈Roger Penrose는 중력이 양자 수준에 영향을 미치기에는 너무 약하기 때문에 입자가 동시에 두 곳에 있을 수 있다고 주장한다. 하지만 이 상태를 유지하는 데는 에너지가 필요하므로 큰 규모로는 유지될 수 없다. 중력은 큰 물체를 한 위치 또는 다른 위치에 존재하게 한다.

물질을 생성하는 입자인 쿼크quark와 렙톤lepton을 통틀어서 페르미온fermion이라고 하며, 양자장론quantum field theory에서 힘은 이 페르미온과 상호 작용하는 보손boson이라는 힘을 전달하는 입자가 매개한다. 강한 핵력은 핵을 이루는 입자들을 결합함과 동시에 역설적이게도 핵이 존재할 수 있을 만큼 충분히 멀리 떨어뜨린다(강한 핵력은 아주 가까운 곳에서는 반발력이 되지만, 약간 더 먼 거리에서는 인력이 된다). 글루온은 양성자와 중성자를 이루는 쿼크를 결합하고(202쪽 하단 참조), 중성자와 양성자를 핵 안에 고정시킨다. 약한 핵력은 방사성 원자의 베타 붕괴 동안 잠시 존재하는 세 가지 유형의 보손이 매개한다. 전자기력은 광자가 매개한다. 중력은 중력자가 매개할 가능성이 있지만, 그 존재는 확인되지 않았다.

'멀리서 하는 유령 같은 행동'

양자 물리학의 가장 이상한 측면 중 하나는 얽힘entanglement이다. 두 입자가 얽히면 이들의 상태가 연결된다. 두 입자의 상태가 반대라고 가정하자. 하나는 시계 방향으로 회전하고 다른 하나는 시계 반대 방향으로 회전한다. 그런 다음 이들을 멀리 떨어뜨리면 이들의 얽힘은 남는다. 하나를 측정하면 다른 하나의 상태도 즉시 알 수 있는 이유는 서로 얽혀 있기 때문이다. 한 입자가 시계 방향으로 회전하면 다른 입자가 우주 반대쪽 끝에 있더라도 같은 순간에 반시계 방향으로 회전한다는 것을 즉시 알 수 있다. 회전을 측정하면 파동 함수가 붕괴되고 입자의 상태가 결정되므로 하나를 측정하면 이 측정 행위가 다른 하나에 영향을 미친다. 아인슈타인은 이를 '멀리서 하는 유령 같은 행동spooky action at a distance'이라고 불렀다.

끈 이론

끈 이론은 입자를 작은 고리 모양 '끈string'의 서로 다른 유형의 진동으로 보려는 양자 물리학의 전개다. 악기의 현이 다르게 진동하면 다른 소리가 나듯이, 끈 이론의 끈은 진동하는 방식에 따라 다른 입자를 생성한다. 끈 이론은 수학적으로 유용하다고 입증되었으며 중력을 통합할 수도 있다. 하지만 끈 이론이 작동하려면 우주가 10차원을 가져야 한다. 3차원 공간과 4차원 시간을 가진 우리 우주에 맞추려는 시도는 지금까지 실패했다. 이것은 유용한 도구가 될 수 있지만, 사람들이 한때 희망했던 것처럼 모든 것을 설명하는 통합 이론은 아닐 것이다.

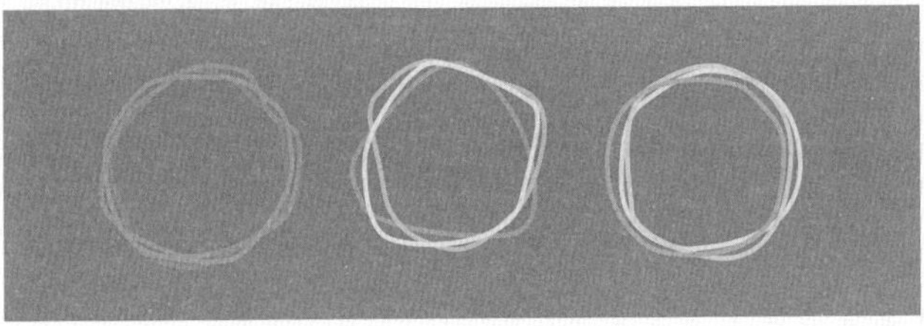

입자를 진동하는 고리 모양의 '끈'으로 상상하기는 어렵다.

48

상자 속의 고양이
불확정성 원리

1927년 물리학자 베르너 하이젠베르크Werner Heisenberg가 도출한 '불확정성 원리uncertainty principle'는 양자 물리학의 기본 원리다. 이 원리는 우리가 원자보다 작은 수준에서 입자에 대한 모든 것을 알 수 없는 이유를 측정하는 바로 그 행위가 측정 대상을 변경하기 때문이라고 설명한다. 이는 입자를 측정하는 우리 능력의 한계가 아니라 입자가 행동하는 방식의 특징이다. 이것은 양자 물리학이 설명하는 대로 근본적이고 피할 수 없는 우주의 특징이다.

파동 함수(278쪽 '어디에 있을까?' 참조)로 여겨지는 입자의 위치는 파동의 진폭(높이)을 제곱해서 얻어지며, 이는 확률 분포를 제공한다. 우리는 입자의 위치를 정확히 알지 못한다. 확률 분포는 입자가 발견될 가능성이 가장 큰 위치를 알려주는 가이드다.

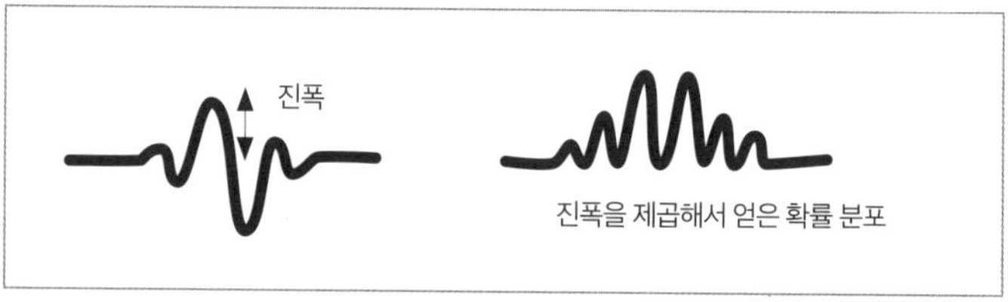

이 두 그림 중 오른쪽은 위쪽에 있는 파동 함수의 진폭을 제곱해서 얻은 확률 분포를 보여준다.

입자의 운동량은 파동의 길이에 의해 정해진다. 운동량 역시 정확하게 알 수 없다. 파동 함수가 하나의 균일한 파동이 아니기 때문이다. 파동 함수는 다양한 파장을 가진다.

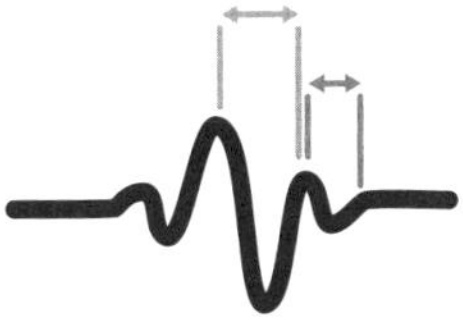

다양한 파장

단일 파장인 파동 함수를 선택할 경우(따라서 운동량이 알려짐) 확률 분포를 얻기 위해 진폭을 제곱하면 쓸모없는 곡선이 만들어진다.

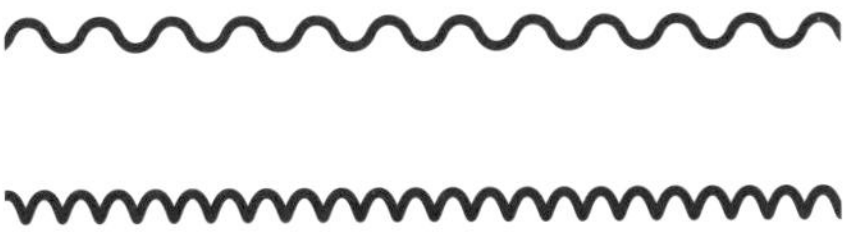

확률 분포

확률 분포는 무한히 계속된다. 이 입자는 우주 어디에서나 발견될 가능성이 같다. 단일한 운동량 값을 선택함으로써 우리는 입자 위치를 찾는 능력을 잃게 된다. 역으로도 마찬가지다. 입자의 정확한 위치를 알면 그 운동량을 알 수 없다.

지금 보지 마라

관찰 행위 자체가 관찰 대상을 변화시킨다. 두 실틈을 통해 발사되는 광자나 전자는 한 번에 하나씩 발사하더라도 간섭 패턴을 생성한다. 하지만 실틈 중 하나에 검출기를 설치하면 광선은 (파동이 아니라) 입자처럼 행동하기 시작한다.

이에 대한 가장 유명한 설명은 슈뢰딩거의 고양이Schrödinger's cat로 알려진 사고 실험이다. 이 실험은 원래 양자 물리학의 불확정성이 얼마나 우스꽝스러워 보이는지 비판하기 위해 고안되었지만, 그 자체가 중첩superposition(사물이 동시에 두 가지 상태 또는 두 장소에 있는 것)이라는 양자 효과quantum effect를 설명하는 방법으로 유명해졌다.

상자 속의 고양이를 상상해 보라. 상자 속에 고양이와 함께 방사능의 원천, 탐지기, 독약이 담긴 병이 있다. 방사성 붕괴는 예측할 수 없다. 우리는 입자가 특정 간격으로 붕괴할 확률을 알고 있지만, 그렇게 되리라고 확신할 수는 없다. 슈뢰딩거의 사고 실험에서 방사성 입자가 붕괴하면 즉시 병에서 고양이를 죽이는 독이 방출된다. 그렇다면 고양이의 죽음은 방사성 붕괴 확률과 관련이 있다. 이 아이디어는 측정(관찰)될 때까지 방사성 입자는 붕괴한 상태와 붕괴하지 않은 상태 모두에 있다는 것이다. 따라서 고양이는 죽은 상태와 동시에 살아 있는 상태에 있을까? 우리가 고양이를 관찰하자마자 파동 함수는 붕괴되고 방사성 입자가 붕괴하거나 붕괴하지 않는 상태로 고정되면서 고양이도 산 상태와 죽은 상태 중 하나의 상태가 된다.

죽은 상태와 산 상태에 있는 슈뢰딩거의 고양이.

49

스스로 진화하는 가이아
살아 있는 지구

지구가 생명(특히 인간 생명)에 적합한 조건을 유지하는 살아있는 유기체와 같다는 생각은 영적 전통에서 매우 오래되었다. 1970년대에 영국의 화학자 제임스 러브록James Lovelock은 이를 과학적 모델로 제안했다. 가이아 이론Gaia theory은 지구를 스트레스에 반응해서 균형을 유지하고 생명에 유리한 조건을 유지하는 자동 조절 시스템으로 설명한다.

균형 찾기

생물이 지구의 지질, 대기, 물과 복잡한 방식으로 상호작용한다는 것은 잘 알려져 있다. 우리 대기에는 현재 생명을 유지하기에 충분한 산소가 포함되어 있지만, 산소는 식물과 광합성 박테리아의 활동으로 지속해서 재생되어야 한다. 탄소는 대기와 생물, 암석을 끊임없이 순환한다. 간헐적으로 평형 상태에 대한 대규모 공격이 있다. 하지만 시간이 지남에 따라(종종 수백만 년) 시스템은 균형을 재조정해서 새로운 균형에 도달한다. 예를 들어 약 6억 4500만 년 전에는 유기체가 탄소를 없애면서 기온이 급격하게 내려갔다. 지구의 대부분은 얼음으로 덮여 있었다. 이때 생겨난 추위는 이산화탄소를 없애는 생물학적 활동을 줄어들게 했지만, 이산화탄소를 대기로 되돌리는 화산 활동은 줄어들지 않았다. 수백만 년에 걸쳐 대기는 지구를 따뜻하게 하기에 충분한 양의 이산화탄소를 되찾았고 생명이 다시 시작되어 늘어났다.

순환 고리

가이아는 일련의 순환 고리를 통해 생명을 돕는 것으로 추정된다. 하나의 조건이 변경되면 시스템의 다른 부분에 영향을 미치고 궁극적으로 이를 조정하는 방향으로 반복된다. 지구의 초기 역사에서 태양은 30% 더 적은 에너지를 생산했으며 지구는 액체 상태의 물이 존재하기에는 너무 차가웠을 것이다. 러브록은 초기 미생물이 강력한 온실가스인 메탄을 생성했다고 주장했다. 메탄은 거주에 적당한 온도를 유지하기에 충분한 열을 가두어 생명을 자라게 한다. 최초의 미생물이 아마도 메탄 생성 미생물methanogens이었으리라는 사실은 현재 널리 받아들여지고 있다.

생명 옹호

가이아 이론이 연결된 시스템의 다른 공식과 차이점은 이것이 생명을 적극적으로 촉진하고 보호한다고 주장하는 데 있다. 이것은 다른 많은 과학자로부터 상당한 비판을 받았다. 현재 '약한' 가이아 이론과 '강한' 가이아 이론이라는 양 견해가 있다. 약한 가이아 이론은 생물 시스템과 무생물 시스템 사이에 연결 부분이 있다는 논쟁의 여지가 없는 견해를 말한다. 진화는 환경에 영향을 미치고 환경의 영향을 받는다. 따라서 생물의 경우 대기나 표면 온도를 바꾼다. 강한 가이아 이론은 지구 자체가 거대한 유기체처럼 작동해서 조건을 유지하려고 한다는 생각이며 과학적 증거나 이를 시험할 방법은 없다.

데이지월드

데이지월드Daisyworld로 알려진 컴퓨터 시뮬레이션에서 러브록과 앤드루 왓슨Andrew Watson은 경쟁하는 유기체가 어떻게 안정적인 조건을 생성할 수 있는지 보여주었다. 데이지만이 사는 이론적 세계에서 흰색 데이지는 빛과 열을 반사해서 지구 온도를 낮추고 검은색 데이지는 빛과 열을 흡수해서 지구를 따뜻하게 한다. 한 가지 색상의 데이지가 너무 많이 자라면 행성이 너무 따뜻해지거나 너무 차가워진다. 개체군은 생존 가능한 수준 내에서 온도를 유지하도록 자연스럽게 재조정된다. 이 모델에 더 많은 종을 추가하자 놀라운 결과가 나타났다. 즉 더 탄력적인 모델이 되었다. 이는 생물 다양성의 가치에 대한 귀중한 교훈이다.

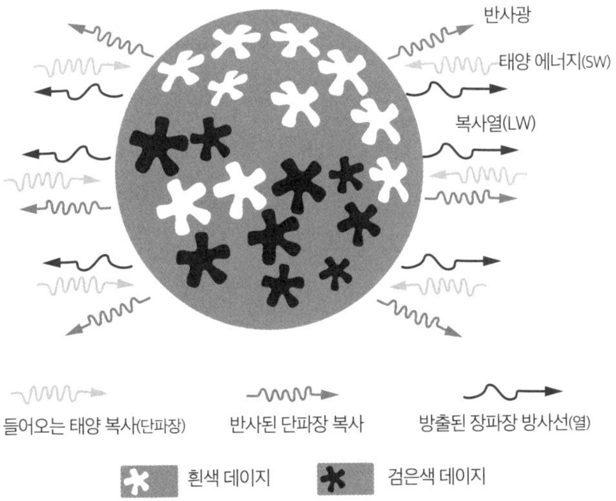

50

우주에서 우리는 과연 혼자일까?
외계 생명체

일반적으로 우리가 상상하는 외계 생명체(또는 ET)는 비행접시나 이와 비슷한 우주선을 타고 온 녹색 외계인이다. 실제로 외계 생명체는 지구 밖에 사는 모든 생물이다. 이는 영화 〈스타트렉Star Trek〉에 나오는 다른 은하계 행성의 진보된 문명일 수도 있고 소행성의 원시 미생물 군집일 수도 있다. 통계적으로는 두 번째일 가능성이 훨씬 더 크다.

다른 세계

외계 생물 형태가 살 곳이 필요하다는 가정에서 살 수 있는 다른 세계가 없다면 외계 생명체는 존재할 수 없다. 일부 영적 및 종교적 우주론에서 사람이 살고 있는 다른 세계를 가정했지만, 과학적으로 이 아이디어는 비교적 최근에 나온 것이다. 이탈리아 철학자 조르다노 브루노Giordano Bruno는 코페르니쿠스의 태양 중심설 제안에 영향을 받아, 세계 밖에도 생명체가 있다는 '무수한 세계innumerable worlds'에 대해 썼다. 이는 아직 망원경이 발명되기 전인 1584년의 일이었다. 그는 1600년에 이단 혐의로 유죄를 선고받아 화형에 처했다. 다른 세계에 대한 믿음은 서기 384년 이래로 이단으로 규정되었으며, 이는 적어도 일부 사람이 이런 생각을 하고 있었음을 보여준다. 1609

년에 갈릴레오 갈릴레이는 망원경을 행성으로 돌려 행성들의 모습이 더 분명해지면서 차츰 원반disk으로 바뀌는 것을 보았다. 그 시점에서 다른 세계의 가능성이 매우 현실이 되었다.

브루노는 갈릴레오와 태양계를 넘어, 각각의 별에는 지구의 인간만큼 멋진 생명체를 지원할 수 있는 세계와 자체 태양계가 있다고 주장했다. 그는 자기 시대를 훨씬 앞서 있었다. 현대 천문학자들은 1992년에 최초의 외계 행성(우리 태양계 밖의 행성)을 확인했고, 최근 2015년에는 이른바 대부분의 별이 거주할 수 있는 영역(이론적으로 생명체가 존재할 수 있는 영역)에 행성을 가지고 있다고 발표했다. 이제 지구 너머의 생명체를 찾는 일만 남았다.

생명체 찾기

지구 너머의 생명체를 찾기 가장 쉽고 확실한 장소는 우리 태양계 안이었다. 달 착륙과 다른 행성에 관한 로봇 탐사 결과 일부 장소는 제외되었다. 19세기에 화성에서 인공 수로를 봤다는 일부 천문학자들의 잘못된 주장에 따라 화성에 생명체가 있다는 생각이 인기를 얻게 되었다. 지구와 가장 유사한 행성인 화성은 생명체를 지원하는 최고의 행성 후보로 남아 있다. 현재 NASA의 화성 탐사 프로그램Mars Exploration Program은 과거 또는 현재 미생물 생명체의 증거를 찾고 있다. 하지만 문명이 발달한 큰 외계인이 발견되리라는 기대는 없다.

행성만이 생명체가 발견될 수 있는 유일한 장소는 아니다. 다른 행성, 특히 토성과 목성의 일부 위성이 생명체를 찾기에 더 유망한 장소일 수 있다. 토성의 엔켈라두스Enceladus와 같은 위성에는 잠재적으로 생명체가 숨어 있을 수 있다. 이 위성의 표면은 얼어붙어 있

화성 탐사선 퍼서비어런스Perseverance.

지만, 얼음 아래 수 킬로미터 지점에는 액체 상태의 바다가 있다. 그곳에 생명체가 없을 수도 있고 생명체가 가득할 수도 있다지만 아직은 알 방법이 없다.

우리는 생명체가 어떤 끔찍한 조건을 견딜 수 있다는 것을 지구상의 생명체를 통해 알고 있다. 집합적으로 '극한성 생물extremophiles'로 알려진 미생물은 생명체에 매우 적대적으로 보이는 장소, 예컨대 얼음 깊숙한 곳, 바위 속 또는 바다의 열수熱水 분출구 주변의 끓는 산성수에서도 산다. 지구상 최초의 생물은 바로 이런 조건에서 출현해 살았을 것이다. 하지만 대부분 과학자는 액체 상태의 물이 우리가 아는 모든 유형의 생명체에게 필수적이라고 생각한다. 액체 상태의 물이 존재할 수 있는 적절한 조건을 갖춘 행성과 위성, 심지어 소행성조차도 극한성 미생물의 잠재적인 서식지다.

태양계에서 지구 너머의 생명체를 찾는 것은 표본(예컨대 화성의 암석)을 면밀히 조사하고 표면과 표면 아래, 대기의 조건과 구성을 알

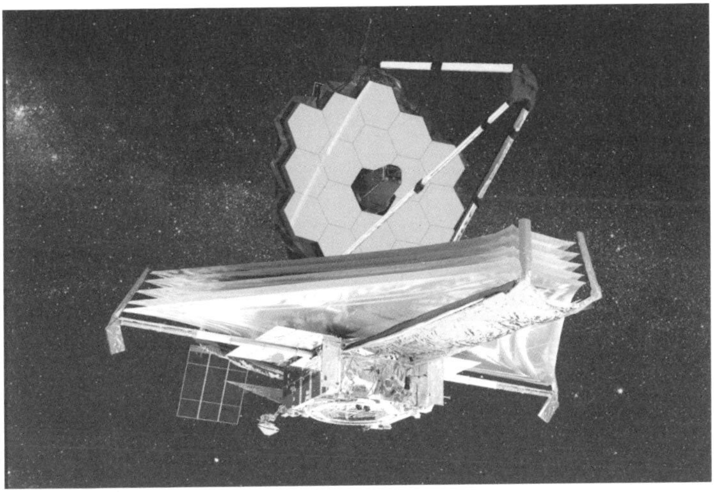

제임스 웹 우주 망원경의 3D 렌더링.

아내는 데 중점을 두었다. 천문학자들은 생명체가 존재한다는 화학적 징후인 생체 특징biosignature이나 생명에 유리할 수 있는 조건을 찾는다.

외계 지적 생명체 탐사

태양계에서 미생물을 찾는 것과 지적인 외계인을 찾기를 바라는 것은 별개의 일이다. 태양계에는 발달된 외계 문명이 없다는 것이 꽤 확실해 보이지만, 다른 곳에는 있을 수 있다. 실제로 통계를 보면 그럴 가능성이 있는 것 같다. 우리은하에는 수천억 개의 별이 있고 우주에는 수천억 개의 은하가 있다. 모든 또는 대부분의 별에 행성이 있다면 다른 별 중 어느 것도 생명체를 지원하지 않을 가능성은 희박해 보인다. 그렇다면 그들을 어떻게 찾을 수 있을까?

천문학자들은 2021년에 발사된 새로운 제임스 웹 우주 망원경과 그 이전에는 케플러 우주 망원경(2009)을 사용해 멀리 떨어진 별 주위의 외계 행성 찾기를 시도했다. 그런 다음 행성이 액체 상태의 물을 가질 수 있을 만큼 별에 가까이 있는지 알아낼 수 있다. 케플러는 2011년 최초의 암석 외계 행성을 발견했지만, 현재는 수백 개가 알려져 있다. 제임스 웹 우주 망원경은 행성 대기의 성분을 탐색하고 아마도 생명체의 구성 요소를 찾을 수 있을 것이다. 우주 망원경이 태양계 너머에 생명체가 존재할 수 있는 곳을 우리에게 보여줄 수 있지만, 실제로 생명체를 찾는 것은 또 다른 문제다. 우리 태양계 내에서는 탐사를 위해 로봇 우주선을 보낼 수 있지만, 태양계 너머의 행성에 방문하기에는 너무 멀리 떨어져 있다. 가장 가까운 외계 행성이 4.2광년 떨어져 있다. 이는 심지어 무선 신호가 그 행성에 도달하는 데 4년 이상이 걸린다는 것을 의미한다. 현존하는 최고의 우주 기술을 사용하면 우주선이 방문하는 데 수천 년이 걸릴 것이다. 우리가 지금 만들 수 있는 우주선이 6만 년 전 우리의 호모 사피엔스 조상이 대거 아프리카를 떠났을 때 지구를 떠나 켄타우루스자리의 프록시마성Proxima Centauri으로 향했다면, 지금까지 그곳으로 4분의 3밖에 가지 못했을 것이다.

어떤 종류의 생명체가 아니라 지적 생명체를 찾는 일은 멀리서 이루어져야 한다. 가장 확실한 방법은 인위적으로 만들어진 것으로 보이는 무선 신호나 다른 유형의 전자기 방사선을 찾는 것이다. 전파 망원경은 하늘에서 모든 종류의 전파 신호를 찾는다. 별과 같은 자연 물체는 스펙트럼 전반에 걸쳐 다양한 유형의 전자기 복사를 생성한다. 전파를 보내는 지적인 존재는 협대역狹帶域, narrowband을 사용할 것이다. 이들의 전송 목적이 정보를 전달하기 위한 것이라면 많은

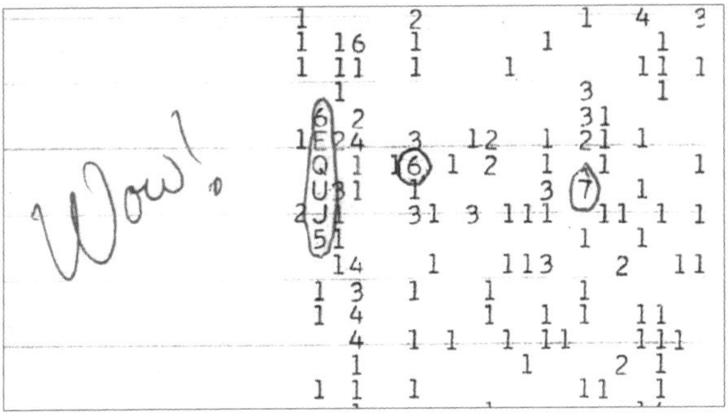

1977년 궁수자리 방향에서 포착된 '와우! 신호'.

자연 물체가 생성하는 것처럼 단순하고 규칙적인 펄스가 아니라 복잡한 패턴을 가질 것이다. 전파 망원경이 50년 이상 하늘을 탐사하고 데이터를 수집해 왔지만, 지금까지 '와우! 신호Wow! signal'라는 별명이 붙은 비범해 보이는 단 하나의 신호를 발견했다. 이 신호는 아직도 설명되지 않았다.

누가 무슨 말을 할까?

우리가 외계 문명에서 오는 무선 신호를 발견한다면 그것은 의도적으로 우주로 보내는 메시지일 수도 있고 의도치 않게 새어나온 것일 수도 있다. 지구는 20세기 중반부터 라디오와 TV 방송을 대규모로 흘려왔다. 만약 외계인들이 이를 알아챘다면 배후에 지적인 공동체가 있다고 추측할 수 있었을 것이다. 전파는 빛의 속도로 이동하므로 70광년 떨어진 외계인이 이미 1950년대 뉴스 방송을 해석하려고 노력하고 있을 수 있다. 우리가 발견하는 최초의 외계인 무선 신호가 의도치 않게 유출된다면, 미국 텔레비전 애니메이션 〈네모바지 스폰지밥SpongeBob SquarePants〉 에피소드나 탄산음료 광고에 나오는 것과 같은 외계인일 수 있다.

의도적으로 우주로 메시지를 보내는 외계 문명은 메시지를 해독할 수 있거나 적어도 인식할 수 있게 만들 것이다. 지구에서는 이런 유형의 무선 메시지를 하나 보냈다. 아레시보Arecibo 전파 망원경에서 전송했기 때문에 '아레시보 메시지'라고 불리는 이 메시지는 인간과 망원경 자체, DNA 나선 등의 블록 이미지로 해독된다.

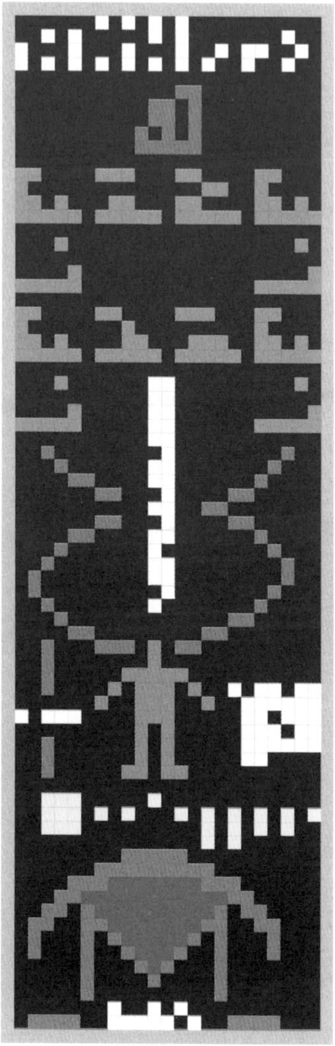
1974년 전파로 암호화해서 우주로 방송한 아레시보 메시지.

기다리는 외계인의 눈과 귀를 위해 더 많은 무선 메시지를 우주로 보내지는 않았지만, 우주선에 메시지를 담았다. 현재 태양계를 벗어나 성간 공간으로 향하는 두 보이저Voyager 우주선에는 지구의 소리와 이미지를 담은 '골든 레코드golden record'가 실려 있다. 1973년에 발사된 파이어니어Pioneer 우주선에는 각각 지구 위치와 남녀의 이미지를 보여주는 액자가 있다. 일부 과학자들은 외계인을 지구로 인도하는 것이 지혜로운 일인지 의문을 제기

성간 우주로 향하는 파이어니어 우주선을 그린 그림.

했다. 우리가 외계인을 초대해서 우리를 잡아먹거나, 정복하거나, 지구를 약탈하도록 하는 것은 아닐까?

모두 어디에 있을까?

생명체를 지탱할 수 있는 행성이 수조는 아니더라도 수십억 개는 될 수 있는데 왜 우리는 아직 외계인을 발견하지 못했을까? 아니면 왜 그들이 우리를 찾지 못했을까? 우주에 많은 선진 문명이 있어야 하지만, 아무도 접촉하지 않은 것을 두고 1950년에 '모두 어디에 있을까?'라는 질문을 제기한 미국계 이탈리아 과학자 엔리코 페르미Enrico Fermi 이름을 따서 페르미 역설Fermi Paradox이라고 한다. 10년 후인 1961년에 프랭크 드레이크Frank Drake는 우리가 지적 문명을 발견할 가능성을 정량화하는 이른바 드레이크 방정식을 만들었다. 좋은 생각이기는 하지만, 대부분 변수의 값이 없으므로 그다지 유용하지는 않다.

$$N = R_* f_p n_e f_l f_i f_c L$$

이 방정식에서 N(우리은하에서 기술적으로 진보한 문명의 수)은 R_*(은하에서 별이 형성되는 속도) 곱하기 f_p(행성이 있는 별의 비율) 곱하기 n_e(생명을 유지할 수 있는 조건을 갖춘 별당 행성 수) 곱하기 f_l(생명체가 진화하기 적합한 행성의 비율) 곱하기 f_i(생명체가 존재하는 행성 중 지적 생명체가 존재하는 행성의 비율) 곱하기 f_c(우리가 감지할 수 있는 신호를 전송할 수 있는 문명을 발전시킨 지적 생명체를 가진 행성의 비율) 곱하기 L(그러한 문명이 실제로 신호를 전송하는 시간)과 같다는 뜻이다.

지금 우리가 감지할 수 있을 것으로 추정되는 문명의 수는 1개 미만(사실상 없음)에서 100만 개 이상까지 다양하다.

행성에서 생명이 시작되게 하는 잠재적인 어려움을 비롯한 생명체가 존재하는 행성이 많지 않을 수 있는 이유는 많다. 우리는 그것이 얼마나 어려운지 모른다. 올바른 조건이 마련되면 생명이 쉽게 시작될 수도 있다. 혹은 지구처럼 생명체가 존재하는 경우가 매우 드물 수도 있다. 우리는 지구상의 생명체가 우주에 무선 신호를 보내고 받을 수 있는 단계에 도달하는 데 40억 년 이상이 걸렸다는 사실을 안다. 하지만 그 기간이 얼마나 일반적인지 또는 일반적으로 어떤 장벽이 문명이 이 단계에 도달하는 것을 막는지는 모른다. 우리가 100년

이 조금 넘는 기간 무선을 사용해 왔다는 것은 알지만, 언제까지 계속해서 전송하게 될지는 모른다. 세계대전이나 킬러 바이러스 또는 치명적인 기후 변화로 인해 우리 문명이 멸망해서 우리가 신호를 보내지 못하게 되면 어떻게 될까? 문명들이 스스로 자멸을 초래하는 일이 있을까? 아마도 비참한 전쟁을 겪거나 파괴적인 인공 지능을 개발하거나 자원이 부족하거나 질병의 희생양이 될 수도 있다. 각 문명이 100~200년 동안만 무선 신호를 보낸다면 그 기간이 겹쳐서 서로를 발견할 가능성은 그리 크지 않다.

또 다른 가능성은 외계에 무선 통신이 가능한 다른 문명들이 있고, 심지어 그들이 우리에 대해 알고 있지만 침묵을 지키고 있는 경우다. 아마도 그들은 다른 문명과 접촉하는 일이 위험하다는 것을 알았을 수도 있고, 아니면 지켜보면서 기다리기를 더 좋아할 수도 있다.

만약에?

가까운 미래에 어딘가 다른 곳에서 지적 생명체의 증거를 찾을 가능성은 거의 없지만, 태양계에서 과거 미생물의 증거를 찾을 가능성은 훨씬 크다. 이것은 우리에게 무엇을 의미할까? 아마도 심오한 철학적 영향을 미칠 것이다. 우주에 대한 이전의 계시가 그랬던 것처럼 종교적 신념에 대혼란을 일으킬 수 있다. 다른 종류의 생명체가 도처에서 발견된다면 우리는 얼마나 특별할까? 우리보다 훨씬 더 발전된 문명이 있다면? 우리가 우리 자신을 덜 특별하게 느끼면 지구상의 다른 유기체를 더 잘 대할 수 있을까? 이 발견이 어떤 영향을 미칠지 알 수는 없지만, 중요한 것은 분명하다.

찾아보기

ㄱ

ㄴ

ㅅ

ㅇ

ㅈ

그림 출처

알라미(Alamy) 274
캘리포니아공과대학교(Caltech) 63 아래 (제트추진연구소(JPL)/허트(R. Hurt))
유럽원자핵공동연구소(CERN) 206
데이비드 우드로프(David Woodroffe) 121, 218, 232, 247
유럽우주기구(ESA) 103, 104
유럽남방천문대(ESO) 125, 126
게티이미지(Getty Images) 190, 216
미국 의회 도서관(Library of Congress) 79, 80, 238
미국 항공 우주국(NASA) 85, 112, 118, 164, 166, 124, 292, 293, 297
사이언스 포토 라이브러리(Science Photo Library) 143, 149, 172, 173, 184, 215 오른쪽, 224, 225, 132, 266, 270
셔터스톡(Shutterstock) 11, 23, 29, 42, 45, 54,55, 60, 73, 75, 90, 106, 107, 108, 114, 157, 165, 170, 176, 180 아래, 183, 188, 192, 193, 194, 197, 200, 203, 221, 222, 226, 233 위, 129, 131, 242, 280, 286
웰컴 컬렉션(Wellcome Collection) 17, 18, 36, 25, 39, 138, 145, 146, 72, 91, 95, 209, 212, 215 왼쪽, 235, 259
위키미디어 공용(Wikimedia Commons) 15, 21, 27, 44, 47, 49, 59, 100, 103, 67, 69, 135, 136, 137, 138, 143 위, 70, 78, 83, 84, 88, 89, 94, 96, 98, 109, 113, 151, 152, 156, 120, 167, 178, 205, 207, 233 아래, 237, 245, 246, 250, 253, 256, 258, 261, 269, 276, 295, 296
프리픽(FreePik) 4, 5, 6, 7, 12, 13, 표지

알아두면 쓸모 있는 과학 상식 사전

제1판 1쇄 발행 2024년 4월 4일
제1판 2쇄 발행 2024년 9월 7일

지은이 앤 루니
옮긴이 손용수
펴낸이 나영광
책임편집 김나연
편집 정고은, 김영미
영업기획 박미애
디자인 임경선

펴낸곳 크레타
출판등록 제2020-000064호
주소 경기도 고양시 덕양구 청초로 66 덕은리버워크 B동 1405호
전자우편 creta0521@naver.com
전화 02-338-1849
팩스 02-6280-1849
포스트 post.naver.com/creta0521
인스타그램 @creta0521

ISBN 979-11-92742-25-0 (03500)

책값은 뒤표지에 있습니다.
잘못 만들어진 책은 구입하신 서점에서 바꿔드립니다.